LETTRES

SUR

LES RÉVOLUTIONS

DU GLOBE.

LETTRES

SUR

LES RÉVOLUTIONS

DU GLOBE,

Par M. Alex. B.

La légère couche de vie qui fleurit à la surface
du globe ne couvre que des ruines.

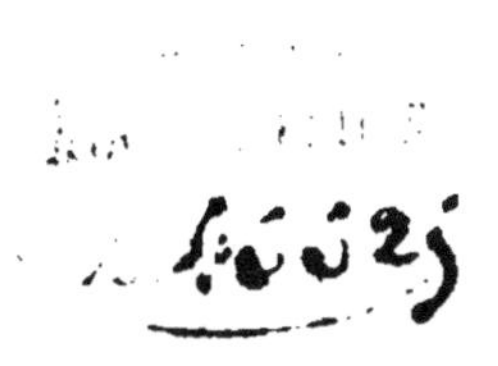

PARIS,

BOSSANGE FRÈRES, LIBRAIRES,

RUE DE SEINE, N° 12.

IMPRIMERIE DE LACHEVARDIERE FILS,
SUCCESSEUR DE CELLOT.

1824.

PRÉFACE.

Mon but, en publiant ces lettres, est de donner au public une idée des résultats curieux auxquels l'étude du globe terrestre a conduit dans ces derniers temps nos naturalistes les plus distingués.

Si j'en juge par le plaisir que j'ai éprouvé en m'occupant de leurs intéressantes recherches, j'aurai fait une chose agréable pour tous ceux qui aiment à acquérir des connaissances, sans pouvoir pourtant consacrer un temps considérable à l'étude.

Je me suis attaché à écrire de manière à être compris des personnes même les moins versées dans l'étude de l'histoire naturelle, et il suffira pour lire ces lettres des connaissances élémentaires que donne l'éducation la plus commune.

Cependant, pour éviter de répandre des erreurs, je me suis imposé la loi de n'émettre aucune opinion qui ne fût consacrée par l'autorité d'un nom célèbre.

L'admirable ouvrage de M. Cuvier *sur les ossements fossiles* m'a fourni tout ce que j'ai écrit sur ce sujet. J'ai puisé dans les leçons de M. Cordier presque tout ce que j'ai dit sur la constitution de l'écorce minérale, les volcans, les tremblements de terre, etc.

J'ai, enfin, emprunté aussi quelque chose aux ouvrages et aux leçons de M. Geoffroy-Saint-Hilaire.

S'il m'est arrivé quelquefois de hasarder une opinion qui me fût personnelle j'ai toujours eu soin d'en avertir, afin qu'on ne fût pas tenté de lui accorder la confiance que méritent celles qui sont appuyées par l'autorité des hommes célèbres que je viens de nommer.

SOMMAIRES.

—

LETTRE I.

Principaux systèmes proposés sur la théorie de la terre, depuis le commencement du dix-septième siècle jusqu'à nos jours.

LETTRE II.

Division du sphéroïde terrestre. — De la masse interne. — Tout porte à croire qu'elle consiste dans une immense quantité de matières métalliques, tenues à l'état liquide par l'action de la chaleur.

LETTRE III.

Tremblements de terre. — Considérations générales. — Descriptions particulières.

LETTRE IV.

Des volcans. — L'opinion la plus vraisemblable est celle dans laquelle on les considère comme ayant leur foyer commun dans la masse interne.

SOMMAIRES.

LETTRE V.

LETTRE VI.

LETTRE VII.

LETTRE VIII.

LETTRE IX.

LETTRE X.

Des ossements fossiles d'éléphants. — On rencontre ces ossements, non seulement en France, en Angleterre, en Allemagne, mais encore dans les régions les plus glacées de l'Europe et de l'Asie; ils ne sont nulle part plus communs que dans la Sibérie, et surtout dans quelques îles de la mer Glaciale, au nord de cette région. — Le capitaine Kotzebue a apporté de ses voyages dans le Nord une défense d'éléphant, qu'il avait trouvée, avec beaucoup d'autres débris du même animal, au-delà du cercle polaire. — Les éléphants ont vécu dans tous les lieux où on trouve leurs débris; ces lieux, lorsqu'ils y vivaient, n'étaient pas soumis à une température aussi rigoureuse qu'ils le sont aujourd'hui. — Conjectures à ce sujet.

LETTRE XI.

Du grand mastodonte. Il était à peu près de la taille de l'éléphant de l'ancien monde. Il avait sa forme générale, des défenses comme lui, etc. Il a vécu dans les deux continents. — Du mastodonte à dents étroites. — De quelques autres espèces dont l'organisation est peu connue.

LETTRE XII.

Des animaux contemporains des races d'éléphants

LETTRE XIII.

LETTRE XIV.

vivaient dans nos climats. — Comment M. Cuvier est parvenu à reconstruire leurs squelettes entiers, et à indiquer leurs formes, leurs mœurs, leurs habitudes.

LETTRE XV.

De la masse des eaux. — Elle ne diminue pas progressivement, comme on l'a si souvent supposé; elle n'augmente pas non plus. — L'océan tout entier n'a pas un mouvement progressif dans une direction déterminée. —La surface des continents n'est pas invariable, elle éprouve au contraire les changements de niveau les plus remarquables.

LETTRE XVI.

De l'atmosphère. — De son action sur les continents. — Quelle masse de liquide elle produirait si ses principes venaient à se condenser. — Du froid excessif qui règne à une certaine hauteur. — Des glaces éternelles. — L'air a dû, dès le commencement des choses, être composé à peu près comme il l'est encore aujourd'hui.

LETTRE I.

C'est donc sérieusement, Madame, que vous exigez de moi que je continue de vous entretenir par écrit de la matière qui fit le sujet de nos derniers entretiens ?

J'aurais certainement plus d'une raison à vous présenter pour me dispenser d'obéir à un ordre semblable : car, en laissant de côté ce qui me regarde, et pour ne parler que de vous, comment n'avez-vous pas pensé que, si j'ai pu vous intéresser un instant en présentant à votre esprit des considérations nouvelles, il n'en sera plus de même quand une froide lettre viendra vous apporter périodiquement des idées avec lesquelles vos propres réflexions vous auront déjà familiarisée.

Une lettre vous dira souvent ce que vous

savez déjà, et ne vous dira peut-être pas toujours ce que vous désirez apprendre.

J'aurais encore bien d'autres raisons à vous opposer, mais vous avez prévenu toutes les objections, en annonçant formellement l'intention de n'en écouter aucune. Je vais donc entrer en matière; mais si je deviens obscur ou ennuyeux, ne manquez pas de m'en avertir.

Notre correspondance roulera sur les documents qu'une observation éclairée peut nous fournir relativement aux révolutions dont notre globe a dû, à différentes époques, être la victime. Mais, Madame, avant de vous exposer les opinions auxquelles les naturalistes modernes ont été conduits sur ce sujet, j'ai cru qu'il pouvait vous être agréable d'avoir au moins une idée des principaux systèmes qui ont été hasardés depuis environ deux siècles sur l'origine de notre planète, les modifications qu'elle a pu éprouver, le déluge, et les causes qu'on peut raisonnablement présumer devoir un jour la détruire.

Toutes ces questions, qui ont si fort occupé

les auteurs qui ont écrit dans le dix-huitième siècle, sur la *Théorie de la terre*, trouvent à peine une place dans les ouvrages modernes sur la *géologie*, et nos savants les plus distingués, malgré les nouvelles lumières qu'ils ont acquises, ou plutôt à cause de ces lumières, ont cru devoir s'abstenir de les traiter.

Mais si les naturalistes aujourd'hui ne perdent plus leur temps à faire des *théories de la terre*, il peut être curieux de connaître celles qui ont joui de la plus grande vogue, ou qui ont été proposées par les naturalistes les plus célèbres; elles appartiennent en effet à l'histoire de la marche de l'esprit humain sur le sujet qui doit nous occuper; et vous les exposer en abrégé, ce sera, sous un certain rapport, imiter les historiens de tous les temps, qui ont jugé convenable de faire précéder le récit des événements certains d'un exposé des fables qui ont eu crédit chez les différents peuples, et qu'ils n'ont donné que pour ce qu'elles sont.

Burnet est le premier auteur qui, dans les temps modernes, ait cherché à expliquer par un système les changements généraux

que la terre a subis, et ceux qu'elle doit subir encore. Voici quelles sont ses idées sur
ce sujet.

La terre, qui d'abord n'était qu'une masse
fluide, un chaos composé de matières de
toute espèce et de toute sorte de figures, commença à prendre une forme régulière quand
les parties les plus pesantes, descendant vers
son centre, y eurent formé un noyau dur et
solide autour duquel les eaux, plus légères, se
rassemblèrent en l'enveloppant de tous côtés.
L'air s'échappa au-dessus de ce lit superficiel et aqueux : cependant, au-dessus de
l'eau s'éleva, comme étant plus légère, une
couche assez mince de matières grasses et
huileuses qui surnagèrent d'abord pures,
mais auxquelles bientôt après vinrent se réunir des particules terreuses qui d'abord s'é-
taient élevées dans l'air, et qui retombèrent
peu à peu à mesure que l'atmosphère se
purifia. Ce mélange de la couche huileuse
superficielle avec les parties grossières re-
tombées de l'atmosphère forma la première
terre que les hommes cultivaient avant le déluge. Elle était légère, extrêmement fertile,

sans montagnes ni inégalités quelconques, **enfin** unie sur toute sa surface.

Mais les premiers hommes ne jouirent pas long-temps de cet heureux séjour. La chaleur du soleil, qui desséchait peu à peu le sol qu'ils cultivaient, finit, au bout de quinze ou seize siècles, par le faire fendre entièrement, et la croûte terrestre tout entière tomba dans l'abîme des eaux qui se trouvait au-dessous d'elle.

Telle fut, suivant *Burnet*, la cause du déluge. Nos continents actuels sont, dans ses idées, les grandes masses de l'ancienne croûte, qui ont comblé l'abîme des eaux ; les îles et les écueils en sont les petits fragments, et la confusion avec laquelle s'est faite la chute de cette croûte est la cause des inégalités, des éminences et des profondeurs qui règnent sur notre sol. Quant à l'océan, c'est une partie de l'ancien abîme ; le reste est entré dans les cavités intérieures avec lesquelles communique l'océan.

Ce système, comme vous voyez, Madame, ne repose sur aucune observation, ni sur aucun fait positif. Il n'explique rien, ne conduit à rien, et on ne peut le considérer que comme un simple produit de l'imagination de l'auteur : cependant, comme Burnet avait de l'esprit, et que son livre était écrit d'une manière agréable, il resta en honneur jusqu'à l'époque où de nouveaux phénomènes très importants vinrent donner une nouvelle direction aux esprits.

Ces phénomènes curieux, sur lesquels reposent tous les systèmes imaginés depuis le commencement du dix-huitième siècle, consistent dans l'existence d'arêtes de poissons, de coquilles et autres produits d'animaux marins dans l'intérieur des terres de nos continents ; ces produits marins, et surtout les coquilles, s'y trouvent en nombre immense, quelquefois très bien conservés, et on les rencontre souvent dans les pierres les plus dures.

Vous êtes peut-être curieuse, Madame, de savoir quel est le naturaliste qui le premier a fait et publié des observations aussi importantes ; son nom est bien obscur, et sa profession l'était encore davantage : il s'appelait *Bernard Palissy*, et il était potier de terre à Paris vers la fin du seizième siècle. Aussi grand physicien, dit Fontenelle, que la nature seule en puisse former un, il fut le premier qui osa dire dans Paris, et à la face de tous les docteurs, que les coquilles *fossiles* * étaient de véritables coquilles déposées autrefois par la mer dans les lieux où elles se trouvaient alors, et non pas des minéraux, des corps singuliers, de simples jeux de la nature, comme on le croyait de son temps. Ces preuves parurent victorieuses à tous ceux qui les examinèrent, et pourtant ce ne fut que près d'un siècle après qu'elles se réveillèrent dans l'esprit de plusieurs savants et que son opinion devint dominante.

Le premier système dans lequel on propose une hypothèse pour expliquer la présence des corps fossiles dans nos continents est celui de *Woodward* : il prétend qu'à l'époque du déluge, Dieu, par un acte de sa volonté, suspendit la force de cohésion qui réunit entre elles les molécules de tous

---

* On appelle fossiles, les débris d'êtres organisés qu'on trouve dans l'intérieur des terres, et qui font, pour ainsi dire, corps avec elles. On trouvera plus tard, dans les lettres où il est spécialement parlé des animaux fossiles, des idées précises sur la fossilisation.

les corps solides ; qu'il réduisit ainsi tous ces corps en poussière, et que les eaux du déluge humectant cette poussière en formèrent une espèce de pâte molle dans laquelle pénètrèrent facilement tous les corps marins.

Si l'auteur a recours à cette hypothèse, c'est qu'il sentait bien qu'il serait impossible de supposer que, dans le peu de temps que dura le déluge, l'eau qui couvrait toute la terre eût eu le temps de délayer les continents jusqu'aux plus grandes profondeurs, et de dissoudre les pierres les plus dures pour y déposer les produits marins. Nous verrons d'ailleurs plus tard que tout s'oppose à ce qu'on regarde le dépôt des corps marins, dans les lieux où on les trouve, comme le résultat d'un mouvement violent et rapide.

L'ouvrage de Woodward est rempli des observations les plus vraies, et dont le temps n'a fait que confirmer la justesse. Il dit avoir reconnu par ses yeux que toutes les matières qui composent la terre en Angleterre, depuis sa surface jusqu'aux endroits les plus profonds où il est descendu, étaient disposées par couches ; que, dans un grand nom-

bre de ces couches, il y a des coquilles et
d'autres productions marines ; ensuite il
ajoute que, par ses correspondants et par ses
amis, il s'est assuré que dans tous les autres
pays la terre est composée de même, et qu'on
y trouve des coquilles non seulement dans
les plaines et en quelques endroits, mais encore sur les plus hautes montagnes, dans les
carrières les plus profondes, et en une infinité d'endroits. Il a vu que les couches
étaient horizontales et posées les unes sur les
autres, comme le seraient des matières transportées par les eaux et déposées en forme de
sédiment.

Rien de plus juste que ces observations :
mais ce qui ne l'est pas également, ce qui est
même manifestement contraire à la vérité,
c'est que ces matières soient, comme le prétend Woodward, disposées exactement suivant leur pesanteur spécifique, c'est-à-dire
de manière à ce que les plus légères se trouvant à la surface, les plus pesantes fussent
les plus profondes ; ce serait ce qui aurait
lieu si la terre ayant été liquéfiée tout entière au temps du déluge, comme le suppose

l'auteur, elle s'était ensuite durcie peu à peu. Mais, au contraire, la plus simple observation nous montre tous les jours les couches les plus pesantes placées sur des substances très légères. Qui ne sait, en effet, qu'on rencontre fréquemment des rochers, par exemple, au-dessus des glaises, des sables, des charbons de terre, des bitumes, qui certainement sont beaucoup plus légers qu'eux?

Au reste, une autre difficulté insurmontable qu'on peut opposer au système de Woodward, consiste dans l'absurdité qu'il y a à supposer qu'il ait pu se trouver assez d'eau sur le globe pour en liquéfier toute la substance, même quand, d'après son hypothèse, on le supposerait miraculeusement réduit en poussière.

Whiston, qui écrivit, comme Woodward, en anglais, adopte indistinctement dans son ouvrage toutes les observations de ce dernier; mais il propose de nouvelles hypothèses, qui vous paraîtront bien singulières, quoique plusieurs soient pourtant assez ingénieuses. L'auteur s'efforce surtout de rester scrupuleusement d'accord avec le texte de la Genèse. Suivant lui, la terre était autrefois une comète, où tous les éléments confondus ne formaient qu'un vaste abîme. Les vapeurs grossières qui l'entouraient de toutes parts y produisaient une obscurité éternelle, et les *ténèbres couvraient la face de l'abîme*.

Dès le lendemain de la création tout fut plus stable sur notre terre, qui devint planète et prit une forme sphérique. L'atmosphère fut débarrassée des parties grossières qui l'obscurcissaient, et qui retombèrent à la surface du globe; et l'air épuré, laissant un libre passage aux rayons du soleil, lui permit de briller, pour la première fois, à la surface de notre terre. Ainsi fut exécutée la volonté du Très-Haut, lorsqu'il dit : *Que la lumière soit faite*.

Whiston, après avoir cherché à expliquer d'une manière analogue tous les détails de la création, arrive au déluge. Suivant lui, ce grand désastre fut le résultat du passage d'une comète, dont la queue rencontra notre terre, qui, se trouvant enveloppée, pendant quarante jours, dans sa vapeur épaisse et aqueuse, fut inondée, durant tout ce temps, d'une pluie si abondante, qu'en deux jours elle aura pu verser sur la terre autant d'eau qu'il y en a aujourd'hui dans l'océan tout entier. Les vapeurs de la queue de la comète furent donc les cataractes du ciel que Dieu ouvrit, suivant les paroles de la Genèse, *Et les cataractes du ciel furent ouvertes.*

L'auteur aurait pu, avec cette pluie seule prolongée pendant quarante jours, rendre raison du déluge, quand on supposerait que l'eau eût couvert la terre d'une hauteur encore plus grande que celle qui est fixée par l'Écriture sainte. Mais, pour ne pas s'écarter du texte sacré, il ne donne pas pour cause unique du déluge cette pluie tirée de si loin : il prend, dit Buffon, de l'eau partout où il y en a, et il suppose que la comète, en approchant de la terre, aura exercé sur toute sa masse une attraction en vertu de laquelle les liquides contenus dans le grand abîme (car lui aussi admet un grand abîme d'eau au-dessous de nos continents) auront été agités par un mouvement de reflux si violent, que la croûte superficielle ne pouvant résister, elle se sera fendue en divers endroits, et les eaux de l'intérieur se seront répandues sur sa surface : *Et les sources de l'abîme furent ouvertes,* dit encore la Genèse.

Whiston, comme vous voyez, explique avec la même facilité la création et le déluge tels qu'ils sont racontés par Moïse. Il n'est pas plus embarrassé pour rendre compte de la figure de la terre, de la longue vie des premiers hommes, même de leurs passions désordonnées. Mais que croyez-vous qui l'arrête; quelle difficulté sera pour lui insurmontable ? L'arche de Noé, qui fut le salut du genre humain, est l'écueil contre lequel vient se briser son système. Comment, en effet, expliquer, par des causes naturelles, sa conservation au milieu du bouleversement de toute la nature, quand les eaux de la queue de la comète d'un côté, et les torrents du grand abîme de l'autre, inondaient, renversaient, détruisaient tout, jusqu'aux plus grandes profondeurs de la terre. « On sent, dit Buffon, combien il est dur pour un

homme qui a expliqué de si grandes choses
sans avoir recours au miracle ni à une puissance surnaturelle, d'être arrêté par une
circonstance particulière. Aussi notre auteur aime mieux courir le risque de se noyer
avec l'arche, que d'attribuer, comme il le
devait, à la volonté du Tout-Puissant, la
conservation de ce précieux vaisseau. »

Je serais inexcusable, Madame, si, en vous
parlant du système de Whiston, j'omettais de
vous faire connaître une opinion qu'il avança
le premier sans preuves, ou plutôt sur des
suppositions entièrement fausses, et qui vient
d'être confirmée par des expériences récentes.
Il pense qu'il existe dans le globe un noyau
central, qui s'y trouvait déjà lorsqu'elle
n'était encore que comète, et qui, s'étant
prodigieusement échauffé en approchant
très près du soleil, conserve depuis ce temps
une grande partie de la haute température
qu'elle avait acquise. Pour n'être pas trop
étonnée d'une pareille opinion, je vous
prie, Madame, de vouloir bien considérer
jusqu'à quel point les comètes s'échauffent
quelquefois. En 1680, il en passa une si près

du soleil, qu'elle dut, par ce voisinage, suivant les astronomes, acquérir une température deux mille fois plus élevée que celle d'un fer rouge, et qu'il lui faudra cinquante mille ans pour se refroidir. On peut donc bien supposer que le noyau de notre terre soit encore brûlant, puisque l'époque de son échauffement peut ne pas remonter à plus de six mille ans.

Quoi qu'il en soit, une des observations les plus curieuses de ces dernières années est celle au moyen de laquelle on démontre que la température s'élève d'une manière graduelle et constante à mesure qu'on s'enfonce davantage vers le centre de la terre, et qui conduit invinciblement à la supposition d'une chaleur interne qui ne peut manquer d'être très considérable. Mais je ne veux pas anticiper sur ce que j'aurai bientôt à vous dire sur ce sujet.

Je craindrais de fatiguer votre attention en vous parlant avec quelque détail des autres systèmes qui, avant Buffon, ont été inventés sur la formation des planètes, le déluge, le sort futur de la terre, etc. Cependant, Leibnitz ayant donné son avis sur ce sujet, je ne peux m'empêcher de vous dire ce qu'il en a pensé.

Suivant lui, les planètes sont autant de petits soleils qui, après avoir brûlé long-temps, ont fini par s'éteindre faute de matières combustibles, et sont ainsi devenus des corps opaques. Aussi le feu a-t-il, par la fonte des matières, produit, selon lui, une couche vitrifiée, et tous les corps qui se trouvent à leur surface sont, ou du verre réduit en très petites parties comme le sable, ou du verre mêlé aux sels fixes et à l'eau.

Dès que la surface de la terre fut refroidie, une très grande quantité de l'eau qui avait été réduite en vapeur par la température brûlante qu'elle avait au commencement, retomba, et forma les mers, et la totalité de la masse des eaux telle que nous la voyons aujourd'hui.

Vers le milieu du 18e siècle, un écrivain (Maillet), qui jugea à propos de se déguiser sous le masque d'un philosophe indien, laissa ses idées sur la formation de notre globe, sur ce qu'il a été et ce qu'il doit devenir. Son ouvrage obtint un grand succès, et il le mé-

...ritait à quelques égards. Il est, en effet, écrit avec esprit, et rempli d'observations très justes, particulièrement au sujet des débris fossiles. Quant aux conséquences qu'il en tire, elles ne sont pas admissibles, il est vrai, dans l'état actuel de la science; mais elles sont ce qu'elles pouvaient être à l'époque où l'auteur écrivait. Voyant des traces du séjour de la mer jusque sur les plus hautes montagnes, et se croyant même autorisé à regarder tous les continents, sans exception, comme formés dans son intérieur; s'appuyant d'ailleurs sur des observations qui lui paraissaient prouver, d'une manière irrécusable, que toutes les mers diminuent encore progressivement et abandonnent leurs rivages, il ne pouvait guère supposer autre chose, si ce n'est que notre globe ayant d'abord été entièrement recouvert d'eau, cette mer immense avait peu à peu formé dans son sein les montagnes, dont le sommet commença à se trouver à découvert par la retraite des eaux; que cette retraite continuant toujours, la surface entière de nos continents s'était enfin trouvée à sec; qu'elle augmente encore tous les jours, et que de nouvelles îles sortiront bientôt du sein des flots, tandis que les anciennes ne tarderont pas à se réunir aux continents par la retraite des portions de mer qui les en séparent, etc. Ces conséquences sont tout-à-fait gratuites, et ne reposent que sur des faits ou mal observés, ou entièrement faux; car l'étude plus éclairée des débris fossiles a prouvé, comme nous le verrons bientôt, que si la mer a réellement recouvert tous les continents, elle n'a jamais pu les inonder qu'en laissant à sec une partie de son ancien fond; en un mot, qu'elle a souvent, et d'une manière subite, changé de lit; mais que, suivant toute apparence, elle n'a jamais couvert à la fois la surface entière de la terre.

Quant à ce que dit le prétendu Tellia-med sur notre destinée future, qui doit être de changer de soleil quand le nôtre sera éteint, après avoir erré dans l'espace de l'empyrée, comme il prétend que cela nous est déjà arrivé à l'époque du déluge, expli-quant par là cette grande catastrophe et la longueur différente de l'année avant l'époque où il eut lieu, ce ne sont que des rêves auxquels la connaissance du véritable système des cieux ne permet pas de s'arrêter, et qui, sous ce rapport, diffèrent beaucoup des imaginations de Whiston, d'une partie desquelles on peut dire au moins que, si elles sont bizarres, elles ne sont cependant pas absolument contraires aux lois de la nature.

Quoique l'opinion de Maillet sur l'origine de la race humaine ressemble à celle d'un célèbre naturaliste de nos jours, je n'ose presque vous la faire connaître, tant je sens qu'elle vous paraîtra ridicule et choquante. Suivant lui, nos premiers ancêtres ont été des poissons, qui, devenus d'abord animaux amphibies quand les premières terres furent mises à sec, sont devenus enfin des animaux tout-à-fait terrestres. Il ne craint pas d'appuyer son opinion sur les contes les plus ridicules de sirènes, de tritons, ou hommes marins, d'hommes à queue, d'hommes à une seule jambe et à une seule main. Quelquefois il défigure de la manière la plus choquante des histoires véritables : c'est ainsi qu'il croit pouvoir tirer un grand

parti de la découverte que fit **un vaisseau**
anglais, dans la mer de Groënland, d'un
grand nombre d'Esquimaux qui y navi-
guaient avec leurs chaloupes. Les Anglais
parvinrent à prendre un de ces malheureux,
qu'ils eurent la barbarie de laisser mourir de
chagrin, et peut-être de faim, à leur bord ;
car, comme on ne lui présentait que des aliments entièrement différents de ceux auxquels il était accoutumé, il les refusa presque
constamment, et mourut au bout de 20 jours,
sans prononcer une parole. On conservait
la barque et l'homme desséché, à Hall en
Angleterre, dans la salle de l'amirauté; et
Maillet pousse l'ignorance jusqu'à croire
que le corps de ce malheureux était tout
couvert d'écailles de la ceinture jusqu'au bas
qu'il ne possédait pas encore la voix, etc.

Si un homme dans le dernier siècle avait
pu, sans témérité, se flatter de faire adopter
une *Théorie de la terre*, c'eût été à coup sûr
notre illustre Buffon ; sa situation dans le
monde savant, son nom, son beau génie,
tout se réunissait pour donner du poids à ses
opinions. Son système cependant n'a pu être

« soutenu par tout l'éclat de sa gloire; et je
« crains même, en cherchant dans cette lettre
« à vous en donner une idée, qu'il ne vous pa-
« raisse trop au-dessous de son auteur.

Buffon, considérant que les six planètes
connues de son temps avaient toutes une direction commune d'occident en orient, et que
l'inclinaison de leurs orbites n'excédait pas
7 degrés $\frac{1}{2}$, en conclut qu'une seule et même
cause doit les avoir primitivement mises en
mouvement; et, suivant lui, cette cause ne
peut être autre qu'une comète, qui tombant
dans le soleil, et le heurtant obliquement, en
aura séparé une portion assez considérable
pour former toutes les planètes avec leurs
satellites.

Il pouvait, sans trop d'invraisemblance,
faire cette première supposition; car les six
planètes qu'il considérait ne formaient en tout
qu'une masse égale à la 650ᵉ partie de celle
du soleil. Vous me direz peut-être, Madame,
que c'est encore beaucoup, puisque le soleil
est un million de fois aussi gros que la terre;
mais, comme quelques comètes sont formées
de parties extrêmement denses, on peut à

la rigueur leur attribuer cette séparation. Newton a prouvé, en effet, que la densité des planètes devait être proportionnelle à la quantité de chaleur qu'elles ont à supporter. Appliquons cette règle aux comètes, et nous trouverons que celle de 1680, qui passa si près du soleil, doit être 28 mille fois plus dense que la terre, et 112 mille fois plus que cet astre ; donc, en ne lui donnant que la centième partie de la grosseur de la terre, sa masse serait encore égale à la 900e partie du soleil ; d'où il est facile de conclure qu'une telle masse, qui ne fait qu'une petite comète, pourrait séparer et pousser hors du soleil une 900e ou même une 650e partie de sa masse, surtout si on fait attention à l'immense vitesse acquise avec laquelle les comètes se meuvent lorsqu'elles passent dans le voisinage du soleil.

Mais une comète peut-elle tomber dans le soleil ? Pour peu qu'on examine leur cours, on se persuadera qu'il est presque nécessaire qu'il y en tombe quelquefois. Celle de 1680 en approcha si près, qu'en son périhélie elle n'en était pas éloignée de la 6e partie du diamètre solaire ; et si elle revient, comme il y a apparence, en 2255, elle pourrait bien tomber cette fois dans le soleil : cela dépend des rencontres qu'elle aura faites sur sa route, et du retardement qu'elle a souffert en passant dans l'atmosphère du soleil.

Supposons donc qu'une comète a frappé le soleil avec tant de violence qu'elle en a détaché la 650e partie de sa masse, cette partie ne sera pas, comme vous pensez bien, à l'état solide ; mais, liquéfiée par la chaleur, elle s'échappera sous la forme d'un torrent, dont les parties les plus denses se sépareront des moins denses, et formeront, par leur attraction mutuelle, des globes de différente densité. Saturne, composé des parties les plus grosses et les plus légères, se sera le plus éloigné du soleil ; ensuite Jupiter, qui est plus dense que Saturne, se sera moins éloigné ; et ainsi de suite pour Mars, la Terre, Vénus, et Mercure.

Mais ce n'est pas tout, Madame ; l'expérience nous montre journellement que si le coup qui sépare d'un corps une partie de sa masse le frappe dans une direction oblique, la partie séparée s'échappe en tournant sur elle-même jusqu'à ce que l'attraction l'ait ramenée à la surface du sol. C'est ce qui est arrivé aux planètes ; mais comme la force centrifuge les retient à la distance du soleil, elles conservent, tout en faisant leur révolution autour de cet astre, le mouvement de rotation sur elles-mêmes qui nous donne les alternatives du jour et de la nuit.

Poursuivons, et passons à la formation des satellites : «L'obliquité du coup a pu être telle, qu'il se sera séparé du corps de la planète principale de petites parties de matière qui auront conservé la même direction que la planète même ; ces parties se seront unies, suivant leurs densités, à différentes distances de la planète, par la force de leur attraction mutuelle, et en même temps elles auront suivi nécessairement la planète dans son cours autour du soleil, en tournant elles-mêmes autour de la planète à peu près dans le plan de son orbite. On voit bien que ces petites parties que l'obliquité du coup aura séparées sont les satellites. Ainsi la formation, la position et la direction des mouvements

des satellites s'accordent parfaitement avec
la théorie. »

Buffon, ayant expliqué ainsi la formation
des planètes et de leurs satellites, entre dans
des détails assez étendus sur le temps qui a
dû être nécessaire à chacun des corps qui
entrent dans notre système solaire pour
passer de l'état d'incandescence, où ils se
trouvaient au moment de leur formation, à
une température qui les rende habitables.
Évidemment les planètes les plus grosses et
les plus éloignées du soleil doivent se refroidir beaucoup plus lentement que celles
d'un moindre volume. Ainsi, tandis que l'une
d'entre elles (Jupiter) doit avoir encore, à
l'époque actuelle, une température si brûlante que la nature organisée ne pourra de
long-temps s'y développer, deux autres sont
au contraire soumises à un froid si excessif,
que la vie est depuis long-temps éteinte pour
jamais à leur surface.

L'importance que notre illustre naturaliste
attachait à ces idées me décide à vous donner ici les résultats auxquels il est arrivé
après les expériences les plus nombreuses et

les plus long calculs. Ces expériences et ces calculs l'ayant convaincu qu'un corps du volume et de la densité de notre terre, si elle était fondue par la chaleur, mettrait pour se refroidir à la température dont nous jouissons 74,832 ans, c'est à cette époque reculée qu'il faut placer le choc de la terre par la comète qui en sépara nos planètes et leurs satellites.

Il fait d'abord pour les 6 planètes et pour la lune le calcul du temps qui a dû s'écouler avant qu'elles fussent consolidées et refroidies de manière à pouvoir en toucher la surface sans se brûler; puis celui qui a dû être nécessaire pour les amener à la température actuelle.

Il en dresse une table (*voy*. note I, p. 328).

Il en offre ensuite une qui présente le nombre comparatif des années nécessaires pour opérer le refroidissement des planètes, d'abord à leur température actuelle, ensuite à $\frac{1}{25}$ de cette température, ce qui, suivant lui, donne un degré de froid qu'aucune créature vivante ne pourrait supporter. Étendant ensuite ses calculs à tous les satellites, il arrive aux résultats suivants, dont il dresse aussi un tableau, duquel il résulte :

1° Que le 5e satellite de Saturne a été la première terre habitable, que la nature vivante n'y a duré que 42 ou 43 mille ans ; et qu'il y a long-temps que cette planète secondaire est trop froide pour qu'il puisse y subsister des êtres organisés semblables à ceux que nous connaissons ;

2° Que la lune a été la seconde terre habitable, que les êtres organisés ont pu y subsister pendant 60 mille ans tout au plus, et qu'il y a 2318 ans environ qu'elle est trop froide pour être peuplée de plantes et d'animaux ;

3° Que Mars a été la 3e terre habitable, qu'elle l'a été pendant 47,992 ans, et qu'elle a cessé de l'être depuis 4000 ans au moins ;

4° Que dans le 4e satellite de Saturne les êtres organisés peuvent encore vivre, mais qu'ils doivent s'y trouver dans un état de langueur très voisin de la mort ;

5° Que le 5e satellite de Jupiter, quoique bien froid, l'est moins que le précédent, et que la vie pourra s'y maintenir encore un certain nombre de siècles ;

6° Quant à Mercure, la nature organisée a pu s'y établir l'an 24,813 de la formation des planètes, et pourra y subsister encore pendant 162,952 ans;

7° Que notre globe a été la 7ᵉ terre habitable, qu'il y a 4,062 ans que la nature telle que nous la connaissons a pu s'y établir, et qu'elle pourra encore y subsister pendant 93,291 ans;

8° Que, dans le troisième satellite de Saturne, qui a été la huitième terre habitable, la température se trouve telle qu'elle était sur la nôtre il y a 3 ou 4000 ans, en sorte que la nature organisée doit s'y trouver dans une grande vigueur;

9° Que le deuxième satellite de Saturne se trouve à peu près dans le même cas; seulement la nature organisée doit y être plus active encore, et telle qu'elle était sur notre globe il y a 8 ou 9000 ans;

10° Que le premier satellite de Saturne, qui n'a été habitable qu'un peu plus tard, est encore plus favorable au développement de la nature organisée, et qu'elle se trouve, sous ce rapport, dans le même cas que notre terre il y a 12 ou 13,000 ans;

11° Que Vénus, qui a été la onzième terre habitable, peut permettre le développement de la vie à sa surface depuis l'année 41,996, c'est-à-dire 8 à 10,000 ans après l'époque où notre terre a dû commencer à nourrir des habitants; aussi la nature organisée est-elle, dans cette planète, aussi active qu'elle l'était dans la nôtre il y a 6 ou 7000 ans, et y subsistera bien plus long-temps que chez nous, car elle ne doit s'y éteindre qu'en l'année 228,940; de sorte qu'elle aura été habitable 186,571 ans.

Je me permettrai d'ajouter ici, Madame, que ce doit être une planète charmante que Vénus, et que tout porte à croire que, presque sur tous les points de sa surface, on doit jouir pendant toute l'année d'un printemps perpétuel.

12° Que l'anneau de Saturne jouit actuellement d'une température un peu plus élevée que celle qui doit faire de Vénus un séjour si délicieux, et que la vie s'y éteindra beaucoup plus tôt, et à une époque rapprochée de celle où elle cessera d'être possible chez nous;

13° Que la nature organisée ne fait que de s'établir dans le troisième satellite de Jupiter, mais qu'elle y durera jusqu'à l'année 247,401 ;

14° Que Saturne a été la quatorzième terre habitable ; que la vie y est possible depuis 15,000 ans environ, et que cependant, comme, à cause de ses grandes dimensions, il refroidit très lentement, il ne sera réduit à la température actuelle de notre terre que dans 66,000 ans environ, et que la vie pourra y subsister 262,020 ans ;

15° Que le second satellite de Jupiter, habité depuis 13,407 ans, le sera jusqu'à l'année 271,098 de la formation des planètes ;

16° Que le premier satellite de Jupiter, habité seulement depuis 3666 ans, le sera encore pendant 247,000 ans ;

17° Enfin, que Jupiter, vu sa masse énorme, n'a pas encore eu le temps de se refroidir assez pour permettre la vie, qui n'y sera possible que dans 40,791 ans d'ici ; mais aussi qu'elle se maintiendra 367,498 ans dans cette grosse planète.

Je ne sais, Madame, ce que vous pourrez penser de prétentions annoncées avec tant de confiance sur des sujets qui paraissent si éloignés de ceux sur lesquels il nous est accordé d'avoir des notions précises ; mais Buffon était si convaincu de leur importance, qu'après avoir exposé, dans le plus grand détail, les résultats dont je viens de vous donner le précis, il ajoute :

« Voilà mon résultat général et le but que je me proposais d'atteindre. On jugera, par la peine que m'ont donnée ces recherches, et par le grand nombre des expériences préliminaires qu'elles exigeaient, combien je dois être persuadé de la probabilité de mon hypothèse sur la formation des planètes ; et pour qu'on ne me croie pas persuadé sans raisons, et même sans de très fortes raisons, je vais exposer, dans le mémoire suivant, les motifs de ma persuasion. »

Si je vous cite ce passage, ce n'est que pour me justifier de m'être étendu si longuement sur des idées aussi hypothétiques, par la considération de l'importance que leur attachait l'illustre auteur de la dernière *théorie de la terre* qui ait eu un peu de succès en France.

Je termine en vous exposant ses idées sur la formation successive des mers et des terres.

La température élevée du globe terrestre pendant son état de fluidité, et même long-temps après sa solidification, ne permit pas à l'eau contenue dans l'atmosphère de tomber à sa surface; mais quand, par la suite des siècles, les pôles commencèrent à se refroidir, l'eau y tomba, et il se forma, aux environs de chaque pôle, de vastes mers qui furent le résultat des pluies continuelles que l'attiédissement de ces régions y provoquait.

Il se forma par la même raison, sur le sommet de toutes les montagnes un peu élevées, des lacs ou grandes marres qui se sont depuis écoulées sur les terres basses. Quant aux mers polaires, elles s'étendirent sur la surface du globe à mesure que son refroidissement graduel le permit, tandis que les lacs des montagnes formaient des bassins et de petites mers intérieures dans les parties du globe auxquelles les grandes mers des deux pôles n'avaient pas encore atteint. Ensuite les eaux continuèrent à tomber, toujours avec plus d'abondance , jusqu'à l'entière dépuration de l'atmosphère. Elles ont gagné successivement du terrain , et sont arrivées aux contrées de l'équateur , et enfin elles ont couvert toute la surface du globe , à 2000 toises de hauteur au-dessus du niveau de nos mers actuelles.

La terre entière était alors sous l'empire de la mer, à l'exception peut-être du sommet des montagnes primitives , qui n'ont été, pour ainsi dire, que lavées et baignées pendant le premier temps de la chute des eaux, lesquelles se sont écoulées de ces lieux élevés pour occuper les terrains inférieurs dès qu'ils se sont trouvés assez refroidis pour les admettre sans les rejeter en vapeur. Les sommets de ces montagnes furent les premiers lieux où se manifesta la nature organisée, et elle s'y développa d'abord avec la plus grande énergie. Ils se couvrirent donc de grands arbres et de végétaux de toute espèce, qui furent bientôt après précipités dans les flots et transportés au loin par eux.

A la même époque toutes les mers se peuplèrent aussi d'habitants dont les débris, en-

sevelis avec ceux des végétaux des montagnes, se précipitèrent au fond des mers qui
sont devenues nos continents.

Vous me demanderez peut-être, Madame,
comment ces continents ont pu être mis à découvert. Rien de plus facile à expliquer dans
les idées de Buffon ; car il était arrivé à la
terre, en se refroidissant, ce qu'on remarque
sur tous les corps qui passent d'une très
haute température à une autre moins considérable. Il existait à sa surface, non seulement des bosses et des cavités, mais encore
des boursouflures qui formaient d'immenses
cavernes, au-dessus desquelles la mer repo-
sait d'abord, mais dans lesquelles elle se pré-
cipita dans la suite lorsque la masse des eaux
eut miné et brisé, par son poids, la couche
de terre assez mince qui la recouvrait. L'a-
baissement produit dans le niveau des mers
par l'écoulement des eaux qui remplirent ces
cavernes, qu'on peut supposer aussi grandes
et aussi immenses qu'on le voudra, mit donc
à sec les terrains que nous habitons aujour-
d'hui, et qui, comme vous voyez, ont tous
été des fonds de mer, dans l'opinion de

Buffon, comme dans celle de la plupart des auteurs qui avaient fait avant lui des systèmes sur le même sujet. Mais son système n'emporte pas, comme celui de Maillet par exemple, que la mer continue encore à baisser progressivement, de manière à devoir laisser un jour notre planète tout-à-fait à sec.

Les idées systématiques de Buffon sont, comme j'ai eu l'honneur de vous le dire, les dernières qui aient joui en France d'une certaine faveur. Quant à celles qui ont pu être émises par des auteurs encore vivants, je n'oserais entreprendre de vous en parler moi-même, et je suis trop heureux de pouvoir me mettre à couvert en me bornant à vous transcrire le petit exposé qu'en fait un naturaliste (M. Cuvier) à qui la gloire de ses travaux semble avoir donné le droit d'une juridiction absolue sur toutes les parties d ela sci ence.

« De nos jours, des esprits plus libres que jamais ont aussi voulu s'exercer sur ce grand sujet. Quelques écrivains ont reproduit et prodigieusement étendu les idées de

Maillet : ils disent que tout fut fluide dans l'origine ; que le fluide engendra d'abord des animaux très simples, tels que les monades ou autres espèces infusoires et microscopiques ; que, par suite des temps, et en prenant des habitudes diverses, les races de ces animaux se compliquèrent et se diversifièrent au point où nous les voyons aujourd'hui. Ce sont toutes ces races d'animaux qui ont converti par degrés l'eau de la mer en terre calcaire ; les végétaux, sur l'origine et les métamorphoses desquels on ne nous dit rien, ont converti, de leur côté, l'eau en argile ; mais ces deux terres, à force d'être dépouillées des caractères que la vie leur avait imprimés, se résolvent, en dernière analyse, en silice ; et voilà pourquoi les plus anciennes montagnes sont plus siliceuses que les autres. Toutes les parties solides de la terre doivent donc leur naissance à la vie ; et, sans la vie, le globe serait encore entièrement liquide *.

* Voyez la *Physique de Prodics*, pag. 106, Leipsig, 1801 ; et la page 169 du deuxième tome de Telliamed. M. de Lamarck est celui qui a développé, dans ces derniers temps, ce système avec le plus de

» D'autres écrivains ont donné la préférence aux idées de Kepler. Comme ce grand astronome, ils accordent au globe lui-même les facultés vitales : un fluide, selon eux, y circule ; une assimilation s'y fait aussi bien que dans les corps animés ; chacune de ses parties est vivante ; il n'est pas jusqu'aux molécules les plus élémentaires qui n'aient un instinct, une volonté, qui ne s'attirent et se repoussent d'après les antipathies et les sympathies. Chaque sorte de minéral peut convertir des masses immenses en sa propre nature, comme nous convertissons nos aliments en chair et en sang. Les montagnes sont les organes de la respiration du globe, et les schistes ses organes sécrétoires ; c'est par ceux-ci qu'il décompose l'eau de la mer pour engendrer les déjections volcaniques. Les filons, enfin, sont des caries, des abcès du règne minéral, et les métaux un produit de pourriture et de maladie : voilà pourquoi ils sentent presque tous si mauvais *.

suite et de sagacité la plus soutenue dans son *Hydrogéologie* et dans sa *Philosophie géologique.*

' M. Patrin a mis beaucoup d'esprit à soutenir cette manière de

» Il faut convenir pourtant que nous avons choisi là des exemples extrêmes, et que tous les géologistes n'ont pas porté la hardiesse des conceptions aussi loin que ceux que nous venons de citer ; mais, parmi ceux qui ont procédé avec le plus de réserve, et qui n'ont point cherché leurs moyens hors de la physique ou de la chimie ordinaire, combien ne règne-t-il pas encore de diversité et de contradiction !

» Chez l'un, tout **est** précipité successivement, tout s'est déposé à peu près comme il est encore ; mais la mer, qui couvrait tout, s'est retirée par degrés *.

» Chez l'autre, les matériaux des montagnes sont sans cesse dégradés et entraînés par les rivières, pour aller au fond des mers se faire échauffer sous une énorme pression, et former des couches que la chaleur qui les durcit relèvera un jour avec violence **.

voir, dans plusieurs articles du *Nouveau Dictionnaire d'Histoire naturelle*.

* M. Delamétherie admet la cristallisation comme cause principale, dans sa *Géologie*.

** Hutton et Playfair, *Illustrations of the Huttonien thoary of the earth. etc.* ; décemb. 1802.

» Un troisième suppose le liquide divisé en une multitude de lacs placés en amphithéâtre les uns au-dessus des autres, qui, après avoir déposé nos couches coquillières, ont rompu successivement leurs digues pour aller remplir le bassin de l'océan *.

» Chez un quatrième, des marées de 7 à 800 toises ont, au contraire, emporté, par la suite des temps, le fond des mers, et l'ont jeté en montagnes et en collines dans les vallées, ou sur les plaines primitives du continent **.

» Un cinquième fait tomber successivement du ciel, comme les pierres météoriques, les divers fragments dont la terre se compose, et qui portent dans les êtres inconnus dont ils recellent les dépouilles l'empreinte de leur origine ***.

» Un sixième fait le globe creux, et y place un noyau d'aimant qui se transporte, au gré des comètes, d'un pôle à l'autre, entraînant

* Lamanon, en divers endroits du *Journal de physique.*

** Dolomieu, *ibid.*

*** MM. de Marschall, *Recherches sur l'origine et le développement de l'ordre actuel du monde.* Giessen, 1802.

avec lui le centre de gravité et la masse des mers, et noyant ainsi alternativement les deux hémisphères *.»

Je termine ici, Madame, la tâche que je me suis imposée pour aujourd'hui ; pardonnez-moi si, en vous exposant une suite de systèmes aussi divergents, j'ai abusé du temps que vous voulez bien accorder à la lecture de mes lettres. Ces systèmes ne sont que des fictions plus ou moins ingénieuses, j'en conviens ; mais au moins on peut s'en amuser comme de la lecture d'un roman, et peut-être peut-on compter au nombre des jouissances que nous procure leur lecture le sourire de la paresse, qui se console de son repos en voyant l'inutilité des tentatives ambitieuses.

* M. Bertrand. *Renouvellement périodique des continents terrestres.* Hambourg, 1779.

LETTRE II.

Notre terre a, comme tout le monde sait, la forme d'un sphéroïde un peu aplati vers les pôles. Son rayon est de 1500 lieues. Les plus hautes montagnes ne s'élèvent pas à plus de deux lieues au-dessus du niveau de la mer ; très peu de pays se trouvent situés naturellement au-dessous de ce niveau, et les plus grandes profondeurs auxquelles nous soyons parvenus en creusant dans les carrières, et surtout dans les mines, n'excèdent pas 1800 pieds. Les inégalités du sol sont donc bien peu de chose, quand on les compare à la masse totale du sphéroïde terrestre ; et si la profondeur des abîmes creusés à sa surface nous effraie, si l'élévation des montagnes dont nous voyons les sommets se perdre dans les nues nous confond d'étonnement, c'est que nous les jugeons en les comparant à l'extrême petitesse des objets qui nous entourent.

La terre, dont la superficie nous semble si inégale et si hérissée d'aspérités, offrirait à un être capable d'en embrasser le contour d'un seul coup d'œil l'aspect d'un globe aussi uni que ceux qui sortent des mains d'un ouvrier qui vient de les polir.

Supposons le sphéroïde terrestre représenté par une boule de trois pouces de diamètre : si on voulait sur cette boule figurer en relief les inégalités qui se trouvent à sa surface, des protubérances légères, et presque insensibles même à l'œil armé d'un microscope, y tiendraient lieu des plus hautes montagnes ; la plus légère égratignure dont sa surface pourrait être effleurée serait plus profonde, relativement à son diamètre, que ne le sont pour celui de la terre nos plus grandes cavités artificielles ; et la vapeur qu'un souffle ferait condenser à sa surface serait peut-être trop épaisse pour représenter l'atmosphère jusqu'à la hauteur où se forment les nuages.

Pour nous, atomes imperceptibles, qui

végétons dans cette légère couche d'air humide, il n'y a point d'expression pour peindre notre petitesse et la faiblesse de nos moyens quand nous les employons à agir sur le globe.

Et pourtant cet atome si faible a mesuré la terre, dont les dimensions l'écrasent; il a mesuré le soleil, un million de fois plus gros qu'elle; il a calculé la distance qui le sépare de cet astre, dont ses faibles regards ne peuvent soutenir l'éclat; il a reconnu dans les milliers d'étoiles qui brillent au firmament autant de soleils répandus dans l'immensité de l'univers et emportant avec eux les globes sans lumière dont ils règlent tous les mouvements. Capable dans sa petitesse de s'élever à l'idée d'un espace sans bornes, la terre n'est plus aux yeux de sa pensée agrandie qu'un grain de sable perdu dans les espaces infinis.

N'y a-t-il pas là, Madame, de quoi faire bien des réflexions sur la supériorité de l'esprit humain, qui lui fait concevoir de si grandes choses, quand la nature semble l'avoir condamné à végéter dans un cercle si étroit. Pourtant je n'ajouterai pas un mot dans ce sens : souvenons - nous seulement, dans tout ce que nous aurons à dire sur les révolutions du globe, que nos moyens pour le modifier sont si faibles, qu'on peut à peine compter pour quelque chose l'influence qu'il nous a été donné de pouvoir exercer sur lui.

On distingue ordinairement dans le sphéroïde terrestre deux parties dont les limites ne sont fixées que d'une manière arbitraire : 1° la masse interne, c'est-à-dire la partie centrale à laquelle nous ne pourrons sans doute jamais parvenir; 2° l'écorce minérale, qui sert d'enveloppe à la masse interne, et dont l'observation ne peut nous faire connaître que la partie la plus superficielle : on peut imaginer que cette enveloppe est épaisse de 10 ou 12 lieues.

A ces deux parties principales nous joindrons, pour les étudier à part, 1° la masse des eaux qui couvre plus des trois quarts de la superficie du sphéroïde; 2° la masse atmosphérique, partie gazeuse qui entoure notre globe et l'embrasse dans toute son

étenduc, en s'élevant à une hauteur indé-
terminée.

Nous parlerons d'abord de la masse interne.

Il n'est probablement personne qui ne se
soit demandé plus d'une fois si la terre reste
constamment à peu près la même dans toute
son épaisseur, en présentant vers son centre
une suite de couches analogues à celles qu'on
rencontre près de sa superficie, ou si, à une
certaine profondeur, on trouve constamment sur tous les points du globe une seule
et même substance qui en remplit tout l'intérieur. Ces questions, que tout le monde
se fait, les géologues n'ont pas manqué de
se les faire, et pour y répondre ils ont,
comme nous l'avons vu, imaginé les hypothèses les plus différentes entre elles : ils
ont supposé l'intérieur de la terre rempli
successivement d'eau, de gaz, d'une énorme
masse de pierre aimantée, ou de métaux,
soit solides, soit à l'état liquide.

Diderot, qui avait particulièrement en
vue d'expliquer l'action magnétique de la
terre, regardait sa partie interne comme

formée d'un noyau vitrifié, sur lequel la coque extérieure mobile produisait, par son frottement, le même effet que les coussins d'une machine électrique sur son plateau.

La plus vraisemblable de toutes ces hypothèses, la seule qui soit compatible avec l'ensemble des phénomènes observés jusqu'ici, est celle dans laquelle on admet que la masse interne est formée de matières métalliques tenues en fusion par l'action de la chaleur.

Nous connaissons exactement le volume de la terre, et il nous est également possible de calculer sa pesanteur. La physique et l'astronomie fournissent, pour arriver à cette connaissance, deux moyens différents, et qui s'accordent assez bien entre eux. Ils donnent tous deux pour résultat un poids si considérable, qu'il devient nécessaire que l'intérieur de la terre soit cinq à six fois plus dense que la croûte minérale telle que l'observation nous la montre dans les couches supérieures. Ce n'est donc ni de gaz ni d'eau que la masse interne est formée, et ce n'est pas même de la pierre la plus pesante que nous connaissions ; car, dans cette supposition, le sphéroïde dans son entier devrait avoir un poids trois ou quatre fois moindre que celui que donnent les calculs : mais il faut qu'elle soit composée entièrement de substances aussi pesantes que nos métaux les plus lourds.

Et ces métaux n'existent pas dans la masse interne à l'état de solidité que leur donne la température qui règne à la surface du sol. Tout prouve qu'ils y sont soumis à l'action d'une chaleur capable de les tenir dans un état de fusion constante ; c'est ce que devait de tout temps faire supposer l'observation des masses énormes de matières métalliques liquides que les volcans vomissent si souvent du sein de la terre.

Tout porte à croire, comme nous le verrons bientôt, que les volcans ont leur foyer à des profondeurs immenses au-dessous du sol. D'ailleurs le nombre des volcans, tant éteints que brûlants, infiniment plus considérable qu'on ne le croit communément, et la ressemblance parfaite qui existe entre les laves de ceux qui sont situés dans les lieux les plus éloignés, ne peuvent s'expliquer par aucune des causes locales qu'on a voulu long-temps faire admettre ; cette ressemblance conduit naturellement à la supposition d'une masse brûlante, identique dans sa composition, qui serait leur origine commune. Les sources minérales, les eaux thermales de toute espèce, dont quelques unes conservent encore presque la chaleur de l'eau bouillante en arrivant à la surface du sol, nous offrent de nouvelles preuves de la haute température qui règne à une certaine profondeur au-dessous de la surface de la terre.

Une des observations les plus curieuses qui aient été faites dans ces derniers temps, est celle que nous devons à M. Trebra, directeur des mines, qui, ayant occasion de faire des observations dans les cavités artificielles les plus profondes, a reconnu que la température s'élève constamment à mesure qu'on pénètre de la superficie de la terre vers son centre ; il a même découvert que cette augmentation a lieu d'une manière régulière, et qu'elle est d'un degré par 150 mètres, ce qui fait que dans les mines profondes la chaleur devient insupportable.

Vous comprendrez sans doute, Madame, que, d'après cela, il n'est pas possible de supposer que la terre n'ait d'autre chaleur que celle qui lui est communiquée par les rayons du soleil. Cette chaleur solaire, capable de produire à sa surface les changements des saisons et les alternatives de température du jour et de la nuit, n'exerce presque plus d'influence quand on pénètre à quelques pieds sous terre, comme nous le voyons dans nos caves quand elles sont un peu profondes. Un thermomètre, placé à l'observatoire à 87 pieds sous terre, n'a pas, de 1787 à 1819, donné $\frac{1}{37}$ de degré de différence entre les étés les plus chauds et les hivers les plus froids.

On admet généralement à 100 pieds sous terre une température invariable ; mais cette température, au lieu de se prolonger et de s'étendre toujours la même, s'accroît en raison des profondeurs, comme le prouvent les observations de M. Trebra.

Plus on y réfléchit, plus on reconnaît combien l'action de la chaleur solaire est bornée et superficielle. Elle ne peut agir d'une manière sensible qu'autant qu'elle est concentrée par la réflexion des lieux sur lesquels elle tombe : aussi son effet est-il presque nul sur les hautes montagnes ; celles mêmes qui sont situées sous l'équateur ont leur sommet couvert d'une neige qui ne commence à fondre qu'à 4,800 mètres au-dessus du niveau de la mer.

Si la croûte minérale était moins épaisse, probablement la chaleur interne, y devenant plus sensible à la surface du sol, y ferait éprouver une température plus élevée que celle que nous ressentons dans l'état actuel des choses : aussi l'opinion générale est-elle que la superficie de la terre se refroidit constamment, quoique bien lentement et d'une manière presque insensible.

Un grand nombre de naturalistes ont même été conduits à regarder notre globe comme un petit soleil encroûté. Suivant eux, sa masse entière aurait été primitivement incandescente comme celle du soleil ; par suite de son mouvement dans l'espace, il se serait assez refroidi pour permettre la solidification de l'enveloppe la plus extérieure. Cette enveloppe solide a dû, dans cette hypothèse, devenir de siècle en siècle plus épaisse; et la terre, qui se refroidit ainsi peu à peu, est irrévocablement condamnée à finir par n'être plus qu'une masse glacée, roulant sans vie autour d'un soleil dont la chaleur, diminuant aussi peu à peu, finira également par se dissiper entièrement.

N'allez pas trop mépriser, Madame, une pareille opinion, car elle a été admise par Buffon; mais ne vous en effrayez pas trop non plus, car d'autres savants ont prétendu avoir de fort bonnes raisons pour nous rassurer. Il est vrai que plusieurs d'entre eux ne nous offrent pas une perspective beaucoup plus agréable : ils nous condamnent, nous, ou plutôt nos descendants, à voir les fleuves, les lacs, les rivières, toutes les mers, et l'océan lui-même, s'évaporer peu à peu, jusqu'à ce que la terre desséchée prenne feu au soleil. Mal pour mal, je préférerais cette fin à l'autre : elle est plus prompte, et le grand feu d'artifice qu'elle offre en perspective effraie moins l'imagination que l'éternelle mort glacée dont nous menaçait Buffon.

Ajoutons que quelques chimistes nous assurent que la terre doit renaître de ses cendres, et que cette grande combustion donnera lieu à une quantité d'eau si considérable, qu'il faudra qu'il s'en évapore pendant bien des siècles avant que quelques continents soient mis de nouveau à découvert. Ce qui, depuis bien long-temps, a donné lieu à cette hypothèse de l'état primitif d'incandescence de la terre, c'est la forme même qu'on lui reconnaît, et qui se trouve absolument celle que l'action de la pesanteur imprimerait à sa masse, si elle était liquide.

Voltaire s'est beaucoup moqué de Maupertuis, qui proposait de percer un trou jusqu'au centre de la terre ; ce serait pourtant le plus sûr pour connaître ce qui s'y trouve ; mais, si nos conjectures sont fondées, on ne pourrait aller bien loin, à cause de la chaleur extrême qui devrait rapidement se faire sentir. Dans tous les cas, il serait curieux de connaître le genre d'obstacle qu'on rencontrerait en cherchant à creuser autant qu'il serait possible ; il me semble que ce serait, pour le souverain qui voudrait s'en charger, une entreprise qui en vaudrait bien une autre, et je ne peux m'empêcher de regretter qu'on ne l'ait pas tentée. On pourrait profiter des travaux déjà exécutés dans les mines les plus profondes.

Je terminerai cette lettre par une remarque qui vous frappera sans doute ; c'est que, quelque considérable que soit de nos jours le nombre des volcans, il a dû l'être beaucoup plus encore autrefois.

Il n'y a pas de pays où on ne trouve, pour ainsi dire à chaque pas, des traces de volcans éteints ; on les reconnaît par les laves dont ils ont couvert le sol des environs, et qui s'étendent souvent à de très grandes distances.

Quelques géologues ont même été jusqu'à prétendre que toutes les montagnes avaient une origine volcanique : ils ont eu tort ; mais il est constant que les recherches les plus éclairées nous montrent de jour en jour le nombre des anciens volcans comme plus grand qu'on ne l'avait cru jusqu'ici. On ne

peut, en France, faire des fouilles cinquante
lieues dans la même direction, sans trouver des couches de laves. Les premiers volcans de la terre se sont presque tous ouverts dans le terrain primitif, avant que les
terrains secondaires fussent formés; ils ont
depuis été recouverts par ces terrains, dont
la formation successive est si évidemment
due à la mer ou à d'immenses lacs d'eau
douce. Mais n'anticipons pas sur ce que je
pourrai avoir à vous dire plus tard, et
contentons-nous de remarquer combien
cette immense quantité de volcans ouverts
dans le sol primitif quand l'écorce solide de
la terre était moins épaisse, est favorable
aux opinions dont je vous ai parlé. Plus tard,
par la double raison de la diminution d'activité du foyer intérieur, et de l'augmentation d'épaisseur de la couche qui le recouvre, l'éruption des volcans a dû être beaucoup moins fréquente, et c'est ce qui est
arrivé en effet.

LETTRE III.

Comme les volcans paraissent tous avoir leurs foyers situés dans les plus grandes profondeurs, et au-dessous même des terrains primitifs, on doit présumer que la cause qui produit leurs éruptions est très voisine de la masse interne, si ce n'est pas la masse interne elle-même, comme tout porte à le croire.

C'est donc des volcans que je dois maintenant vous parler, pour suivre l'ordre que je me suis prescrit ; mais les tremblements de terre sont des phénomènes qui accompagnent si fréquemment leurs éruptions, que je commencerai par vous en dire quelques mots, quoique peut-être je n'aie rien de nouveau à vous en apprendre.

Les tremblements de terre n'ont pas lieu uniquement sur les continents ; ils agitent souvent le fond des mers, la masse entière de ses eaux, et la secousse se communique parfois d'une manière très sensible aux vaisseaux qui voguent à sa surface. Le capitaine Osmen voyageant en 1660 dans les mers du Sud, son vaisseau éprouva des secousses qui occasionèrent une grande frayeur à l'équipage. On jeta l'ancre, et on vit qu'on était bien loin de toucher la terre. La même chose arriva à Lemaire dans le détroit qui porte son nom. Le fameux tremblement de terre qui détruisit Lisbonne, le 1er novembre 1755, se prolongea à ce qu'il paraît à des distances immenses; et, le même jour, une agitation extraordinaire des eaux, sans aucun mouvement sensible sur la terre, fut observée en différents endroits de l'Angleterre *.

Les tremblements de terre se font ressentir, tantôt dans un espace très limité, tantôt dans une étendue de pays très considérable; on en a vu agiter le sol à plusieurs centaines de lieues, et dans ce cas ils n'ont ja-

* *Transactions philosophiques.*

mais lieu sans être suivis d'éruptions volcaniques.

Les pays qui avoisinent les volcans brûlants sont incontestablement les plus exposés
aux tremblements de terre ; mais il existe
quelques régions, comme la côte de Barbarie
et le pays de Maroc, qui font exception à cet
égard : ils sont agités de secousses fréquentes,
sans avoir à souffrir des ravages des volcans.
Une chose remarquable pourtant, c'est que,
dans les pays où ce phénomène se remarque,
on retrouve des traces incontestables de
volcans éteints. Il me semble, Madame,
que ceci prouve d'une manière assez évidente que la cause des tremblements de
terre est toujours analogue à celle qui produit les éruptions ; et que si quelquefois ils
se font ressentir sans en être accompagnés ni
suivis, cela tient à ce que l'effort des matières enflammées n'est pas assez considérable pour triompher de la résistance que lui
oppose la croûte minérale.

Le revers méridional des Pyrénées est
exposé à des secousses si fréquentes, que
M. Ramond a compté à Bagnères-de-Bigorre

5.

jusqu'à soixante tremblements de terre : aussi remarque-t-on de toutes parts, dans ces montagnes, des traces très évidentes d'éruptions volcaniques. Il en est qu'on suppose ne pas remonter au-delà du quatorzième siècle. Au reste, il ne faut pas perdre de vue que, quand il n'y a pas de volcans dans les pays à tremblements de terre, on y remarque constamment des sources thermales.

Les secousses des tremblements de terre diffèrent, quant à la durée, depuis quelques secondes jusqu'à deux minutes et plus; elles ne diffèrent pas moins quant à leur nature : tantôt, en effet, elles se font ressentir comme de simples balancements, comparables à ceux qu'on éprouve sur les ondes; tantôt on serait tenté de croire qu'elles sont le résultat d'une percussion violente, qui aurait lieu de l'intérieur à l'extérieur; quelquefois, enfin, le sol a l'air de se mouvoir en tournoyant sur lui-même, et l'effet est assez sensible pour indisposer les personnes susceptibles d'être incommodées par la mer ou étourdies sur les hauteurs : cet effet a été remarqué très souvent.

Quant à l'intensité des secousses, elle n'est pas moins variable que leur durée et leur nature ; elles sont si faibles quelquefois, que lors même qu'elles surviennent au milieu de la nuit, on ne s'en aperçoit guère qu'aux légers mouvements qu'elles impriment aux batteries de cuisine, et au bruit des cloches, qu'elles font sonner en agitant les murs qui les soutiennent.

Dans d'autres cas, et malheureusement trop souvent, les tremblements de terre sont des phénomènes terribles qui causent des désastres incalculables, et ruinent entièrement le pays où ils se font ressentir : tel fut, en 1755, celui qui fit périr plus de quarante mille personnes à Lisbonne et dans les environs ; tel fut encore celui qui ravagea la Sicile en 1693, et qui se fit sentir d'une manière si épouvantable à la Jamaïque. Et dernièrement, Madame, vous avez pu lire dans les journaux quelques détails sur les tremblements qui viennent de détruire Alep, et de forcer ceux de ses malheureux habitants qui ont pu se sauver à abandonner la ville, pour chercher leur salut sous des tentes, au milieu des déserts.

Non seulement ces terribles tremblements de terre détruisent les hommes et leurs habitations, mais ils ont encore assez de puissance pour changer, au point de le rendre méconnaissable, l'aspect du sol qu'ils ont ébranlé; ils précipitent du sommet des plus hautes montagnes d'énormes rochers; quand les couches supérieures se trouvent placées sur un terrain meuble, des montagnes entières peuvent être renversées et couvrir de leurs débris les plaines sur lesquelles elles dominaient. Souvent le cours des fleuves et des rivières est suspendu, les lacs sont subitement desséchés, tandis que des sources d'eau considérables jaillissent dans des lieux inaccoutumés. Sur les côtes, on voit la mer s'éloigner rapidement, et laisser ses rivages à sec; ou bien, au contraire, soulever ses flots, d'une manière effrayante, beaucoup au-dessus de leur niveau ordinaire, et inonder de malheureux pays contre lesquels toute la nature paraît conjurée. En 1586, un tremblement de terre, qui eut lieu près de Lima dans une étendue de cent soixante-deux lieues, fit monter la mer de quatorze brasses; à la suite d'un autre, l'île de Formose se trouva, pendant douze heures, entièrement couverte par la mer; à Lisbonne, la première secousse fit remonter les eaux du Tage, qui inondèrent la ville.

Dans les anciens tremblements de terre, il paraît que des gaz enflammés se dégageaient souvent des fissures produites par les secousses; mais on ne trouve aucune observation bien constatée de ce fait dans les relations modernes; et si des incendies violents se sont manifestés quelquefois, comme cela eut lieu à Lisbonne, ce n'a jamais été que dans des lieux habités, où ils ont été produits par des foyers domestiques.

Vous comprendrez facilement, Madame, comment les phénomènes dont je viens de vous entretenir doivent être le résultat naturel des inégalités, souvent très considérables, qui surviennent subitement dans le sol, agité par les secousses.

Si, en effet, une partie du lit d'une rivière

s'élève, cette partie restera nécessairement à
sec ; et si elle est assez étendue, il en résultera une nouvelle pente en sens contraire
de celle qui favorisait le cours du fleuve,
qui dès lors remontera réellement vers sa
source, dans un espace plus ou moins grand.
Il résulte ordinairement de ce mouvement
rétrograde une accumulation d'eau, et des
inondations au point de jonction de la nouvelle pente et de l'ancienne. Le plus souvent ces inondations sont pourtant produites
d'une manière différente : elles résultent d'une
digue instantanément formée par l'éboulement de quelques montagnes, dont les débris,
tombant dans le lit du fleuve, arrêtent subitement son cours. Lors du terrible tremblement
de terre qui eut lieu à la Jamaïque en 1792,
deux montagnes, par leur chute dans le Sixteen-mile-walk, détournèrent si complètement son cours, que, pendant plusieurs jours,
les habitants croyaient la masse entière de ses
eaux abîmée dans les entrailles de la terre.
Les poissons qui restèrent à sec dans le lit du
fleuve furent, dit-on, d'une grande ressource
pour les malheureux menacés de la disette.

L'élévation des eaux de la mer, et les inondations qui en résultent sur les lieux qu'elle avoisine, sont naturellement le résultat de l'exhaussement de quelque partie de son fond, par suite duquel les eaux sont versées en abondance vers les côtes, tandis qu'au contraire, dans les cas où la mer laisse ses rivages à sec, on peut être sûr qu'à une distance plus ou moins étendue, le sol qu'elle recouvre a subi quelques enfoncements considérables, dans lequel ses eaux se sont écoulées.

La formation des fissures est si facile à concevoir, qu'on voit tout de suite qu'elles sont un résultat nécessaire de l'agitation extrême du sol, des inégalités de niveau qu'il éprouve, et surtout du tassement plus considérable de certaines parties.

Quand on parle des tremblements de terre, il est important, pour s'en faire une idée juste, de se souvenir qu'ils ne consistent presque jamais dans une seule secousse, plus ou moins prolongée, mais qu'on rattache, avec raison, à un même phénomène les secousses qui surviennent en quelques jours, même

quand leur nombre monte à plusieurs centaines. Il est des tremblements de terre qui
ont duré plusieurs mois, même des années
entières; ce qu'on a eu occasion de remarquer particulièrement dans l'Amérique méridionale. Quant à ceux qui ne se composent
que d'une seule secousse, ce sont des phénomènes locaux et peu importants. Au contraire,
les tremblements de terre qui se font sentir
dans une grande étendue de pays produisent
dans la composition de la croûte minérale du
globe des modifications assez sensibles: les
secousses se communiquent, dans ce cas, très
rapidement d'un lieu à l'autre, et elles parcourent quelquefois jusqu'à cent lieues dans
moins d'une demi-heure; mais le plus souvent la vitesse est beaucoup moins grande.

Les directions dans lesquelles les secousses
se prolongent sont ordinairement liées avec
la figure du sol : le plus souvent ces directions
ne sont pas douteuses; mais, si les témoignages n'étaient pas d'accord, on saurait toujours à quoi s'en tenir, par la connaissance de
l'instant où la secousse a eu lieu dans tel
endroit déterminé : le bruit qui se produit

dans ces occasions a toujours été comparé à celui que feraient un grand nombre de chariots chargés, entraînés rapidement sur le pavé.

Vous vous figurez peut-être, Madame, que le bruit du tonnerre et la lumière des éclairs sont des accompagnements naturels de phénomènes aussi terribles que les tremblements de terre : il n'en est rien pourtant ; les plus violentes secousses arrivent ordinairement au milieu du calme de l'atmosphère, sur l'état duquel ils ne paraissent avoir aucune influence ; et si l'aiguille aimantée offre à l'observateur, pendant leur durée, les variations rapides et désordonnées qu'on désigne sous le nom d'affolements, ces variations sont un résultat purement mécanique de la secousse.

Le retour des tremblements de terre n'est soumis à aucune périodicité, dans quelque pays que ce soit ; ils n'ont aucun rapport avec les marées.

Quant à la fréquence des tremblements de terre, elle est très considérable ; et si on réfléchit au nombre prodigieux de relations de ces phénomènes que nous avons depuis quinze ou vingt siècles, au nombre infiniment plus grand qui a eu lieu à des époques plus reculées, et sur lesquels, faute d'historiens, nous n'avons point de renseignements; si de plus on considère que plusieurs de ces tremblements de terre ont parcouru une grande partie des continents, on restera convaincu qu'il n'est aucune partie de la terre où l'écorce minérale n'ait été à plusieurs reprises secouée, bouleversée, disloquée par ces terribles phénomènes. Cette considération nous servira pour expliquer l'état dans lequel nous trouverons la partie la plus superficielle du sphéroïde terrestre.

C'est avec regret, Madame, que je m'aperçois que la longueur de cette lettre ne me permet pas de vous parler des volcans, dont je vous avais d'abord annoncé que je voulais vous entretenir : ce sera pour la prochaine lettre ; mais, pour vous dédommager aujourd'hui, je vous envoie les relations de deux fameux tremblements de terre, faites sur les lieux par des hommes qui avaient eu le bonheur d'échapper au désastre général. Ces détails, que nous devons à des témoins éclairés seront sans doute plus propres à vous donner une idée exacte de ces grandes calamités que tout ce que j'ai pu vous dire *.

* Ces relations ont été placées à la fin du volume (notes II et III).

LETTRE IV.

DES VOLCANS.

D'après le peu de mots que j'ai déjà eu l'honneur de vous dire sur les volcans, vous devez être assez disposée à les considérer comme de vastes soupiraux, par le moyen desquels quelques parties des matières en fusion qui forment la masse interne s'échappent avec violence pour venir se répandre sur la surface du sol. Cette manière d'envisager les éruptions volcaniques est, je crois, plus satisfaisante qu'aucune de celles qui ont été proposées jusqu'ici pour les expliquer. Toutes les autres hypothèses, en effet, rapportant les éruptions à des causes purement locales, ne peuvent rendre raison de la singulière ressemblance qui existe entre les produits volcaniques rejetés aux extrémités les plus éloignées du globe.

On a cru expliquer suffisamment la forma-

tion des volcans, en supposant que les matières inflammables renfermées dans le sein
de la terre prenaient feu spontanément ; mais
on n'a pas réfléchi que, pour que la combustion eût lieu, il faudrait nécessairement
le contact de l'air, et que le foyer des volcans est situé à des profondeurs trop considérables pour qu'on puisse supposer que
l'air y pénètre. Ce qui prouve surtout combien cette supposition est peu fondée, c'est
que quand, par accident, le feu prend dans
les mines, l'incendie ne s'étend jamais au-
delà du lieu des travaux, c'est-à-dire au-delà
des lieux dans lesquels l'air peut pénétrer
par les ouvertures qui se rendent à la surface
du sol.

On a supposé aussi que c'étaient les bases
salifiables des terres et des alcalis qui s'en-
flammaient pour produire les volcans : je ne
développerai ni ne réfuterai cette supposition;
car il me faudrait pour cela entrer dans des
détails qui demanderaient pour être compris quelques connaissances des premiers
principes de la chimie.

Il faut cependant que je vous dise un mot

6.

d'une hypothèse qui a fait grand bruit d'abord, et qui pendant assez long-temps a été adoptée sans contradiction : on la doit à Émery, célèbre physicien, qui crut avoir trouvé le moyen de faire des volcans artificiels. Voici comment il s'y prenait :

Il faisait faire un trou dans la terre, mettait du soufre au fond de ce trou, puis humectait le mélange : il résultait de ce procédé, tout-à-fait semblable à celui au moyen duquel on obtient le dégagement du gaz hydrogène, qu'on emploie si généralement aujourd'hui pour l'éclairage de Paris, 1° un dégagement considérable de ce gaz, 2° la production d'une chaleur très intense, 3° une explosion proportionnée à la quantité des matières employées. Cette explosion différait pourtant, quant à sa nature, de celle qui a lieu dans les montagnes volcaniques. D'abord Émery mettait du fer à l'état métallique dans son trou, et on ne trouve pas dans l'intérieur de la terre un seul atome de fer vierge : ce métal y est toujours dans un état de combinaison qui fait qu'on ne peut se le procurer que par suite d'opérations artificielles ; ensuite, quand on admettrait, contre tout ce que l'observation nous apprend sur l'existence d'une assez grande quantité de fer natif pour produire les volcans, on serait bien loin de pouvoir expliquer par l'hypothèse d'Émery les phénomènes les plus saillants des éruptions volcaniques. Cette hypothèse n'explique en effet que la première explosion accompagnée des matières soulevées par elle ; car aussitôt que le gaz enflammé sera parvenu à se faire jour à la surface du sol, l'éruption ne doit plus consister que dans la continuation du dégagement de ce gaz, et les volcans ne devraient être, après la première explosion, que des lampes immenses, très commodes pour éclairer les contrées voisines, tant qu'elles resteraient allumées.

La production des laves est surtout inexplicable dans les idées d'Émery, qui ne rend même pas raison de l'existence de ceux des tremblements de terre qui se font sentir à des distances immenses. En général, toute hypothèse dans laquelle on considère les laves comme le résultat de la simple fusion des parties métalliques qui se trouvent accidentellement dans l'intérieur de la croûte minérale, est par cela même inadmissible; car le feu ne se communique point dans les matières minérales avec autant de facilité qu'il faudrait le supposer pour admettre une pareille explication. On peut entretenir, pendant plusieurs années, dans un même lieu, une chaleur de 145° du pyromètre (c'est-à-dire une chaleur capable de fondre le fer), sans que les corps environnants en soient altérés. Une distance de quelques pieds suffit pour les mettre à l'abri; comment donc pourrait-on concevoir que l'embrasement des volcans se communiquât à d'assez grandes distances pour fondre les masses énormes de laves qu'ils rejettent. D'ailleurs, je le répète, si les laves ne sont que le résultat de la fusion des matières minérales qui se trouvent près du foyer allumé, pourquoi ne diffèrent-elles pas comme la nature des terrains où s'allume ce foyer? pourquoi sont-elles si parfaitement semblables entre elles, que celles qui sortent des volcans situés aux extrémités les plus éloignées de la terre, ou qui appartiennent à ceux qui remontent aux époques les plus reculées, ne diffèrent pas plus entre elles que si elles sortaient du même foyer dans deux éruptions consécutives ?

La quantité des matières rejetées présente encore une difficulté non moins insurmontable; car l'Etna, le Vésuve, et beaucoup d'autres volcans, ont vomi, à différentes reprises, plus de matières brûlantes de toute espèce, en laves, en cendres, en gaz, qu'il n'en faudrait pour former la totalité de la montagne d'où elles sont sorties. Ces matières n'ont donc pas été détachées des flancs de la montagne, et, à plus forte raison, d'un lieu voisin de son sommet, comme le supposait Buffon. Tout le terrain qui environne Naples, à plusieurs lieues à la ronde, est évidemment produit par différentes éruptions volcaniques, et la matière des laves se trouve jusque bien au-dessous du niveau de la mer. Le pavé des rues de Pompéia était formé de cette matière, dont on trouve de plus une couche très épaisse sous les fondements de la ville; ce qui prouve, de la manière la plus évidente, qu'il y a eu des éruptions du **Vésuve** antérieures à celles de 79. Depuis cette époque, les matières volcaniques entassées sur la ville par les éruptions l'ont couverte d'une couche de 10 à 12 pieds d'épaisseur. Quant à Herculanum, comme cette ville était située beaucoup plus près que Pompéia du volcan, la matière des laves s'est accumulée sur elle en bien plus grande quantité; elle est maintenant couverte d'une couche de produits volcaniques de 70 à 100 et jusqu'à 112 pieds d'épaisseur.

D'après tous ces faits, vous comprendrez sans doute facilement, Madame, combien il serait absurde de regarder comme de simples débris du Vésuve et de l'Etna une étendue de terrain dont le volume total est si disproportionné avec celui de ces montagnes; mais, loin qu'on puisse s'arrêter à une pareille idée, il est prouvé que ce sont les éruptions elles-mêmes qui forment les montagnes. Le Vésuve était, du temps des Romains, beaucoup moins volumineux qu'il ne l'est aujourd'hui; et, d'après les descriptions qu'en ont laissées Strabon, Dion et Vitruve,

il paraît que , de leur temps , la montagne ap-
pelée maintenant *Somma* formait la totalité
du Vésuve ; que l'éruption qui eut lieu du
temps de Pline renversa la portion du cône qui
était vers la mer, et donna à cette partie de la
montagne les dimensions et l'aspect que nous
lui voyons maintenant. Quant au Vésuve , tel
que nous le voyons aujourd'hui , il a été
élevé par ses éruptions subséquentes.

Une description du cratère du Vésuve ,
donnée par Bracini , qui y était descendu peu
de temps avant l'éruption de 1631 , prouve
que , depuis ce temps , la montagne s'est
prodigieusement compliquée *.

Si l'origine de beaucoup de montagnes
volcaniques ne peut , faute de relations suffisamment exactes , et à cause de la grande
antiquité à laquelle elle remonte , être prouvée d'une manière satisfaisante , il en est
quelques unes dont la formation, plus récente , nous est connue de la manière la plus
authentique. Ainsi deux relations de témoins oculaires montrent comment le *Monte-
Nuovo* se forma, pendant une explosion vio-

* Voyez note VII.

lente, le 29 septembre 1538, dans un lieu où se trouvaient des eaux thermales. L'éruption fut précédée de flammes qu'on aperçut vers une heure de la nuit; le feu s'accrut, et l'éruption commença; elle continua sans interruption pendant deux jours et deux nuits; après quoi, les phénomènes effrayants ayant cessé, on aperçut distinctement, dans la vallée où se trouvaient les bains d'eaux minérales, une montagne de trois milles de circonférence, et dont la base couvrait une partie de ces bains et un château dont nos descendants seront peut-être un jour bien surpris de trouver les débris. Cette nouvelle montagne, dont la position est parfaitement décrite, a conservé jusqu'à ce jour le nom de *Monte-Nuovo;* elle est très voisine du *Monte-Barbaro,* qui ne peut avoir eu une origine différente, mais dont la formation est antérieure. Tout porte à croire que l'île d'Ischia doit s'être élevée du fond de la mer par suite d'une éruption sous-marine. L'histoire nous apprend que les îles de Liparie ont été formées de la même manière. En 1707 une nouvelle île parut dans l'Archipel, et ces faits confirment merveilleusement les détails qu'ont donnés Strabon, Pline, Justin, et d'autres auteurs, sur la formation de plusieurs îles de l'Archipel, anciennement nommées les Cyclades, qui s'étaient élevées de même du fond de la mer. Suivant Pline, la quatrième année de la 155ᵉ olympiade, 237 ans avant Jésus-Christ, les îles de Téra (aujourd'hui Santorini) et de Thérasia furent formées par explosion; et, 130 ans plus tard, on vit s'élever Hiera (aujourd'hui le Grand Kammeni).

Les volcans éteints, dont on trouve, comme je l'ai déjà dit, des traces nombreuses dans tous les pays, loin d'avoir été moins formidables que ceux qui sont encore en activité de nos jours, paraissent avoir en général donné des produits plus considérables encore. En France, c'est dans le Vivarais et le Velay qu'on trouve les traces les plus étendues de ces éruptions.

Faujas a reconnu une bande de terrain volcanique de près de 30 lieues de longueur sur 4 de largeur (terme moyen), ce qui donne une surface de 104 lieues carrées; de

sorte que, quand on ne supposerait pas à ce
terrain une profondeur de plus de 60 pieds,
on aurait encore une masse assez considérable pour être bien sûr qu'elle n'a pas été
produite par la fusion de l'intérieur d'aucune
des montagnes des environs.

On a craint un instant que les petites cavités qui sont résultées sous Paris des pierres
extraites pour les constructions ne menaças-
sent la sûreté d'une partie de la ville ; que serait-ce donc pour les pays comme l'Italie,
et les parties de la France où des masses
aussi énormes auraient été enlevées à la
croûte minérale ! comment concevoir que
les cavités immenses qui devraient nécessairement exister sous le sol, dans cette supposition, n'eussent jamais produit aucun accident ?

Cette considération, jointe à toutes celles
que je vous ai présentées, ne vous paraît-elle
pas propre à confirmer l'opinion qui donne
pour origine aux matières volcaniques la
masse brûlante qui compose la masse interne
elle-même ? car alors cette masse tout entière
fournissant la matière des éruptions, leur

quantité n'a plus rien qui doive étonner, et elle devient même presque insensible en comparaison de la masse immense dans laquelle on suppose qu'elles prennent leur source.

Si l'hypothèse que nous admettons sauve cette difficulté, si elle explique si bien l'existence des tremblements de terre qui se font sentir aux plus grandes distances, l'identité de la composition des laves de tous les volcans de la terre, la ressemblance qu'elles présentent avec les plus anciens minéraux du sol primordial, ainsi que leur état d'incandescence ; si elle rend raison avec la même facilité de la chaleur des sources d'eau minérale, si elle est confirmée enfin par toutes les raisons que nous avons de croire à l'ancien état de fluidité du globe, j'avouerai, car il faut tout dire, qu'elle n'explique pas aussi facilement le développement considérable des matières gazeuses qui accompagnent et suivent toutes les éruptions, et qui ne peuvent guère être que le résultat de la décomposition des parties aqueuses et terreuses du sol des montagnes volcaniques. Mais ce n'est pas une raison pour rejeter une hypothèse que tout concourt si merveilleusement à établir : elle seule par exemple peut satisfaire l'esprit effrayé de la force prodigieuse qu'il faut admettre dans le foyer des volcans pour élever les laves jusqu'au sommet de la montagne. Dans l'île de Ténériffe, le cratère du volcan est élevé de 6000 mètres au-dessus de l'océan, ce qui nécessite pour élever les laves, quand on ne supposerait pas le foyer plus bas que le fond de la mer, une force égale à la pression de 1500 atmosphères. Or, comme l'atmosphère exerce sur nous une pression égale à celle qui serait produite par une colonne de 32 pieds d'eau, on voit qu'on doit admettre dans le foyer du volcan de Ténériffe une force d'impulsion capable de soulever une masse d'eau de 48,000 pieds, c'est-à-dire de trois ou quatre lieues d'élévation ; or on ne peut supposer dans la croûte minérale aucune force qui approche même, de bien loin, de celle-ci.

On connaît actuellement avec exactitude une centaine de volcans brûlants ; on peut raisonnablement supposer que le nombre de

ceux dont la position n'est pas encore déterminée, n'est guère moins considérable.
La moitié au moins des volcans dont la
situation nous est connue se trouvent sur les
îles de l'océan, et la plupart de ceux qui
composent l'autre sont situés au bord de
la mer, ou à peu de distance des côtes. Cette
circonstance a toujours été remarquée des
naturalistes, et on y a de tout temps attaché une grande importance. On ne peut pourtant donner aucune raison bien satisfaisante
de cette situation; il est vrai qu'on fait jouer
un grand rôle, dans plusieurs hypothèses,
aux communications qu'on suppose exister
entre la mer et les foyers volcaniques, mais
il n'est pas facile de se rendre compte de la
manière dont cette communication peut avoir
lieu. Plusieurs volcans sont situés à plus de
40 lieues de la mer, et quels moyens de communication peut-on supposer à une pareille
distance ? Tout prouve, comme j'aurai occasion de vous l'exposer plus tard, que les
filtrations de la mer avancent fort peu dans
les terres, et que tout ce qu'on a dit à cet
égard est très exagéré.

7.

Après m'être si long-temps étendu sur les causes générales de la production des volcans, je me vois forcé de renvoyer à une prochaine lettre le peu de détails qui me restent à ajouter sur quelques uns des phénomènes particuliers qu'ils présentent.

LETTRE V.

Puisque vous m'accusez, Madame, il faut
bien que je sois coupable; et je vais réparer
ma faute, en définissant aussi exactement
que je pourrai les mots dont j'aurai à me
servir dans ce qui me reste à vous écrire
sur les volcans.

On appelle volcan, tantôt le réceptacle où
se préparent les éruptions, tantôt la montagne produite par elles; et souvent enfin on
désigne par ce nom la montagne et le réceptacle ensemble.

Le mot de foyer désigne toujours le réceptacle qui contient les matières en incandescence et les causes incandescentes.

La cheminée est le conduit qui amène les
vapeurs pendant ou après les éruptions.

Le cratère est le cône renversé qui termine
la cheminée; sa structure est ordinairement

très compliquée, parceque chaque éruption
la modifie en y ajoutant quelque chose : elle
est simple dans le cas où il n'y a qu'une seule
éruption. Aucun des volcans actuellement
brûlants n'est dans ce cas ; et on n'en trouve
de semblables que parmi les volcans éteints :
en France, par exemple, sur les bords du
Rhin.

Chaque éruption donne lieu à un nouveau cratère, et il en résulte une nouvelle
petite montagne, formée par la lave et les
autres produits des déjections incohérentes
qui surviennent avant l'éruption, pendant et
après elle. Le Vésuve présente cette compli-
cation d'une manière très marquée, et il en
est de même pour l'Etna ; dans ce dernier, on
voit ordinairement la cheminée principale
rester tranquille, tandis que vers le bas il se
forme une éruption. Le même phénomène a
été observé à Ténériffe et dans beaucoup d'autres lieux.

Les éruptions volcaniques sont précédées
de symptômes précurseurs qu'on a observés
particulièrement dans celles du Vésuve ; car
comme cette montagne est située dans un

pays où se sont toujours trouvés, depuis quelques siècles, un grand nombre de bons observateurs, ils ont eu soin de donner une description exacte de tout ce qu'ils avaient sous les yeux.

Lorsqu'une nouvelle éruption doit avoir lieu, l'émission des vapeurs augmente pour l'ordinaire à la cheminée centrale, de légers tremblements de terre se font sentir, et on entend des bruits souterrains ; les eaux minérales s'altèrent, les eaux douces se troublent, l'eau des puits change de niveau, quelquefois ils se sèchent entièrement ; enfin, on remarque souvent un dégagement d'acide carbonique dans les caves et autres lieux enfoncés sous le sol.

Souvent les tremblements de terre se font sentir pendant la durée même de l'éruption ; quelquefois la terre n'éprouve aucune secousse, et l'éruption est dite tranquille.

De même qu'on apprécie assez bien l'éloignement du tonnerre par l'intervalle qui sépare le moment où l'éclair brille de celui où on entend la détonation, on a cherché à calculer la profondeur des foyers volcaniques par le temps qui sépare l'éruption du bruit qui la précède. Il ne paraît pas qu'on soit parvenu, par ce moyen, à des résultats bien positifs; mais ceux qu'on a obtenus tendent à faire regarder cette profondeur comme immense.

Les laves sont les principaux produits rejetés dans les éruptions volcaniques; ce sont des matières métalliques en fusion, visqueuses, incandescentes, qui sortent du cratère comme une vaste nappe de liquide enflammé, coulent sur le terrain en renver-sant ou brûlant tout ce qui s'oppose à leur passage, et s'avancent avec une vitesse proportionnée à la force d'impulsion primitive, à la pente du terrain et aux obstacles qui peuvent s'opposer à son cours; suivant les modifications qu'apportent ces différentes circonstances, les laves mettent des années pour s'avancer de deux lieues, ou bien parcourent jusqu'à huit lieues en vingt-quatre heures. Le temps que les laves mettent à se refroidir est très variable : il est naturel que les pluies et les courants d'eau de toute espèce l'accélèrent; il en est de même aussi quand

les laves descendent dans des lieux marécageux.

La superficie des laves se refroidit et se
durcit beaucoup plus vite que l'intérieur, et
il arrive souvent qu'on voit sortir d'une
masse de lave un courant de matières incandescentes ; quelquefois aussi on voit, à travers des fentes qui se forment à la surface ,
la matière encore brûlante à l'intérieur.

Il est très important de noter qu'on ne doit
pas plus juger d'un courant de laves par les
surfaces qu'il présente à l'air, que d'un métal
en fusion par les scories qui le recouvrent.

Un dégagement très lent et paisible de vapeurs peu abondantes , mais corrosives et
qui dégagent beaucoup de soufre, succède
ordinairement aux éruptions de laves.

Des vapeurs bien plus intenses sont celles
qui résultent de la trituration des laves, qui,
réduites en poussière très fine, par le
choc qu'elles éprouvent en l'air , forment ce
qu'on appelle les cendres volcaniques. Ces
cendres couvrent l'horizon d'un voile si épais,
que , dans tout l'espace au-dessus duquel
elles se trouvent, on ne peut marcher qu'à

l'aide d'une lumière. Les vents transportent les cendres volcaniques aux distances les plus éloignées, et souvent avec la plus grande rapidité. On ne s'en étonnera pas, si on fait attention que la vitesse du vent peut aller jusqu'à cent trente-deux pieds par seconde, c'est-à-dire vingt-neuf lieues par heure, et sept cents lieues par vingt-quatre heures, s'il soufflait pendant tout ce temps dans une même direction et avec la même violence.

On voit quelquefois sortir de la montagne, pendant l'éruption, une grande quantité d'eau boueuse ; mais, comme vous l'imaginez, Madame, ce n'est pas une raison pour croire à de véritables éruptions boueuses. Cette circonstance s'explique aisément, quand on sait que les cavités des montagnes volcaniques renferment souvent de vastes amas d'eau : si donc ces cavités viennent à être trouées, les eaux s'échapperont, entraînant avec elles les terres dont elles sont chargées, et quelquefois les poissons qui s'y nourrissaient. M. de Humboldt a observé ce phénomène, et il a décrit les poissons rejetés des flancs de la montagne.

Un autre phénomène pourrait plus facilement induire en erreur, en simulant des éruptions aqueuses. Il arrive quelquefois, quand les éruptions ont lieu dans un instant où l'atmosphère est très chargée d'humidité, que l'air brûlant qui sort du cratère dissout cette humidité et la refoule dans les régions supérieures; alors l'eau se condense, pour retomber en torrents qui entraînent à de grandes distances la terre de la montagne, les pierres, etc.; et comme le cratère est enveloppé dans l'obscurité, on se persuade facilement que ces torrents sont rejetés par son ouverture.

Il n'est pas rare de voir des éruptions sans laves; lorsque cela arrive, la montagne volcanique éprouve presque toujours un bouleversément complet et un abaissement sensible de son sommet. Dans les Andes, des montagnes ont perdu jusqu'à la cinquième ou sixième partie de leur hauteur; mais, dans ce cas, la base gagnait ce que le sommet perdait.

De même qu'il y a des tremblements de terre sous-marins, il y a aussi des volcans sous-marins. On en connaît dans l'Archipel grec, près de l'Islande, etc.; leur existence est incontestable, et leurs éruptions sont accompagnées des mêmes tremblements de terre, des mêmes dégagements de vapeurs que celles qui ont lieu sur le continent; ils sont du reste assez peu connus, à cause de la difficulté de les observer.

Une chose importante à remarquer, c'est que tous les volcans connus jusqu'ici sont assis directement sur le sol primitif; il n'y a aucune exception à cet égard, ni pour les anciens, ni pour ceux qui sont encore brûlants; le sol de transport et de sédiment, quand on le rencontre dans les montagnes volcaniques, est toujours placé au-dessus des couches de laves, de sorte qu'on ne peut se dissimuler qu'il a été le résultat d'un ordre de choses subséquent à la première éruption.

Je terminerai ici, madame, ce que j'avais à vous dire sur les volcans: mais, pour vous donner une idée plus exacte du tableau que peut présenter une éruption, je vais faire transcrire, pour vous l'envoyer, la relation d'une éruption volcanique de l'Etna en 1669;

j'y joindrai la relation fort courte de l'observation d'une île nouvelle, sortie de la mer
près de Tercère, en 1720, à la suite d'une
éruption sous-marine *.

* Voyez les notes IV, V et VI.

LETTRE VI.

Tout concourt, comme vous avez pu le voir, Madame, à nous faire considérer la masse interne comme un énorme amas de matières métalliques fondues par la chaleur; cependant, quelque concluantes que me paraissent les considérations que j'ai eu l'honneur de vous présenter, nous serons toujours forcés de reconnaître que nous n'avons sur ce sujet que des conjectures, et jamais sans doute nous ne connaîtrons, par l'observation directe, ce que le raisonnement nous porte à admettre sur ce point. Il n'en est pas ainsi relativement à la croûte minérale, cette partie qu'on doit considérer comme la coque qui enveloppe la terre. De celle-ci nous connaissons au moins, par une observation directe et assez facile, sa partie la plus superficielle, jusqu'à 15 ou 1800 toises. Si on ne pouvait aller au-delà, ce serait bien peu de chose sans doute en comparaison de l'épaisseur totale du sphéroïde, ou même seulement de l'écorce minérale, qui peut s'étendre jusqu'à 15 ou 20 lieues; mais les révolutions éprouvées sur le globe fournissent aux géologues des moyens beaucoup plus étendus d'exploration.

Il est bien facile en effet de se convaincre que les montagnes dites primitives, c'est-à-dire les plus anciennes et les plus élevées, ne sont point formées par une accumulation plus considérable des dernières couches, mais par un redressement de toutes les couches que leur élévation comporte, de sorte que la connaissance de la composition d'une montagne, élevée de 4000 toises, je suppose, au-dessus du niveau de la mer, est équivalente à celle qu'on acquerrait en examinant, au moyen de fouilles artificielles, les différentes couches dont le terrain est formé jusqu'à la profondeur de 4000 toises.

Un autre moyen d'exploration commode est fourni aux géologues par les tremblements de terre, leurs secousses violentes ayant souvent renversé et jeté, dans une position presque horizontale, des masses immenses du sol, où elles ont rendu superficielles des couches que leur profondeur naturelle aurait sans doute long-temps dérobé à nos recherches. C'est par ces moyens que les géologues peuvent se flatter d'avoir acquis une connaissance assez satisfaisante du sol, jusqu'à plusieurs lieues de profondeur. Les volcans, enfin, fournissent encore un dernier moyen, bien accessoire à la vérité, en ramenant de l'intérieur du sol quelques matières qui n'ont éprouvé aucune espéce d'altération.

On distingue dans l'écorce minérale deux parties : 1º le sol primordial, qu'on suppose avoir recouvert de toute ancienneté le sphéroïde ; 2º le sol de transport et de sédiment, qui, plus superficiel que le premier, l'enveloppe dans toute son étendue. On l'a nommé ainsi parcequ'il est principalement formé des matières transportées par les eaux ou déposées par elles et les déjections volcaniques. Nous voyons encore les parties les plus récentes de ce sol se former sous nos yeux au-dessus des plus anciennes, par la décomposition ou l'éboulement des montagnes, par l'action des fleuves, qui déposent les matières terreuses qu'ils tiennent en suspension, etc.

L'écorce minérale ne porte point les caractères d'une masse formée d'un seul jet; elle est, au contraire, composée d'un nombre très considérable de couches, qui sont évidemment le résultat d'opérations successives. Ces couches diffèrent entre elles sous le rapport de leur épaisseur, de leur composition, et des produits qu'elles renferment. Il suffira, pour vous donner une idée de leur nombre, de vous dire que celles dont l'épaisseur passe dix mètres sont dites très puissantes, et que leur ensemble compose pourtant toute la profondeur de l'écorce minérale, qui peut être de quinze ou vingt lieues.

Les couches du sol primordial diffèrent de celles dont se compose le sol de transport et de sédiment, non seulement par leur contexture presque toujours plus dense, et par leur épaisseur plus considérable, mais aussi par leur situation. En général, elles conservent mieux la situation horizontale, elles restent parallèles entre elles dans une plus grande étendue; enfin, on les voit moins souvent que celles du sol de sédiment diminuer progressivement d'épaisseur, et disparaître même tout-à-fait dans certains lieux. Les couches du sol primordial sent, en général, composées de matières plus dures que celles du terrain de transport et de sédiment, et c'est à elles que conviendrait particulièrement le nom de *roche*, pris dans l'acception qu'on lui donne ordinairement; car, en général, on ne désigne par ce nom que les substances minérales d'une contexture dure et pesante. Il n'en est pas ainsi dans les ouvrages de géologie : on y distingue par le nom générique de *roche* la matière d'une couche, quelle que soit sa nature, fût-elle d'argile ou de sable.

C'est une question qui n'est pas encore résolue pour les géologues, que celle de savoir quel a été le mode de formation des couches du sol primitif. Les uns le regardent comme le résultat de la cristallisation des parties les plus superficielles du sphéroïde lorsqu'il commença à se refroidir ; et on désigne ceux

qui ont cette opinion sous le nom de vulca-
nistes ou plutonistes. Les autres, au contraire, les regardent comme des précipités
formés dans des mers qui en tenaient en dis-
solution les principes constituants.

Relativement aux couches du sol de transport, il n'y a qu'une opinion, et tout le monde
s'accorde à les regarder comme formées par
les eaux.

On se tromperait beaucoup si on considérait les différentes parties qui composent le
globe comme dans un état permanent de
repos et de tranquillité. Si les couches dont
se compose la croûte minérale ne sont pas
incessamment agitées comme les parties liquides et gazeuses qui sont à sa surface (la
mer et l'air), elles sont pourtant presque
continuellement modifiées, déplacées, usées,
par les compositions et décompositions, par
l'agitation qu'y causent les sources situées à
des profondeurs très grandes, et surtout par
les tremblements de terre. Il n'y a aucune
partie de l'écorce minérale qui n'ait été ainsi
plus ou moins fortement agitée, à plusieurs
reprises : ce sont tous ces mouvements qui

ont causé les modifications dont nous avons parlé. Si on pénétrait plus avant dans l'intérieur du globe, et qu'on arrivât dans la masse interne, tout porte à croire qu'on la verrait agitée de mouvements plus fréquents et plus violents encore. Ces mouvements doivent être favorisés par l'état de liquidité brûlante dans lequel elle se trouve, et par les éruptions qui ne peuvent manquer de déterminer à la longue, dans son intérieur, des vides assez sensibles. Je ne parle pas de l'action du magnétisme, qui, dans les idées les plus probables, doit l'agiter incessamment. Ainsi tout est réellement en mouvement, tout change sur ce globe, qui nous paraîtrait au premier coup d'œil dans un état de fixité si parfaite.

Je ne vous donnerai point ici les noms des roches dont se composent les couches du sol primordial, jusqu'aux profondeurs auxquelles il nous est possible de pénétrer : ils ne vous présenteraient que des sons plus ou moins barbares, sans laisser aucune idée dans votre esprit. Je dois pourtant faire exception en faveur de la roche la plus importante de ce sol, du *granite*, que vous connaissez certainement, puisqu'on en fait un usage si fréquent dans notre pays, où on le désigne vulgairement sous le nom de pierre de granite. Ici, à cause de sa grande dureté et de son inaltérabilité, il s'emploie pour les bornes placées devant les murs ; mais on n'en fait pas usage dans les autres constructions, à cause du prix élevé auquel il revient, et de la difficulté qu'on éprouve à le tailler. Si, en Bretagne, nous voyons presque tous les monuments publics et particuliers construits avec cette pierre, c'est à cause du prix modéré auquel on peut se la procurer, et aussi parceque l'absence de pierre plus molle ne laisse pas la liberté du choix. Dans une grande partie de notre province, le terrain primordial se trouve presque à nu, ce qui doit naturellement nous porter à conclure que ces parties ont été exemptes des différentes éruptions de la mer, qui, comme nous le verrons bientôt, ont formé ailleurs la plus grande partie du sol de transport et de sédiment.

Le *granite* est la plus ancienne des pierres qu'il nous soit donné de voir dans la place que

lui assigna la nature ; il s'enfonce sous toutes
les autres couches, et se retrouve encore dans
les lieux les plus élevés, où il forme les crêtes
centrales de la plupart des grandes chaînes
de montagnes. Là il se trouve à nu pour l'ordinaire, et ce n'est que plus bas qu'on voit
des couches de formation postérieure, placées successivement sur leurs flancs, dans
l'ordre où la mer les a déposées plus tard. On
serait tenté de regarder le granite comme
formant le noyau ou la charpente de l'écorce
minérale tout entière.

Voilà déjà plusieurs fois, Madame, qu'il
m'échappe d'attribuer au séjour de la mer
sur les lieux qui maintenant forment la surface des continents les différentes couches du
sol de transport et de sédiment ; vous êtes
peut-être curieuse de connaître les raisons
qui ont conduit à adopter cette opinion,
reçue aujourd'hui, sans contestation, par
tous les hommes dont le sentiment peut compter pour quelque chose en pareille matière :
je vais faire mon possible pour satisfaire votre
curiosité.

Lorsqu'on perce un pays de plaine pour

en étudier la composition, on rencontre, comme je vous l'ai dit, une suite de couches horizontales placées les unes au-dessus des autres, dans une situation parallèle. Ces couches, de matières variées, renferment, pour la plupart, des débris de corps marins, des arêtes de poissons, et surtout une innombrable quantité de coquilles qui, quelquefois, composent à elles seules toute la masse du sol à une très grande profondeur. Ces débris de corps marins sont presque toujours si parfaitement conservés qu'il est impossible d'élever le moindre doute sur leur nature. On les retrouve dans les pierres les plus dures, comme dans le sable, ou dans les terres molles ; et elles sont situées à des profondeurs où certainement les hommes n'ont jamais pu aller les déposer. Voltaire, qui poursuivait avec acharnement tout ce qu'il croyait pouvoir se rattacher aux traditions religieuses, craignant, sans doute, qu'on ne voulût chercher dans l'existence de ces débris une confirmation du déluge universel, fit tout son possible pour persuader que les coquilles, dont on parlait déjà beaucoup de son temps, avaient été perdues autrefois, à l'époque où les pèlerinages étaient en vogue, par ces hommes qui en rapportaient de leurs voyages à la Terre-Sainte. Il serait ridicule aujourd'hui, comme vous allez le voir, de s'arrêter à réfuter une pareille opinion. Voltaire montre également son ignorance sur ces matières, quand il parle de ces amas comme s'il avait été question de petits tas semblables à ceux des écailles d'huîtres qu'on jette devant les portes; car c'est par bancs de cent à deux cents lieues qu'on les trouve. En Touraine, il existe une masse de 130 millions 680 toises cubiques de terrain presque uniquement composé de coquilles entières ou brisées, sans mélange de matières étrangères. Les paysans des cantons voisins les extraient de la terre, et s'en servent pour fertiliser leurs champs. Ces coquilles sont toutes placées horizontalement, comme celles qui se trouvent naturellement dans la mer : aussi, pour tous ceux qui ont observé ce phénomène sur les lieux, il est resté évident qu'il prouve l'existence des eaux de la mer dans la Touraine, où elle

a dû former un golfe à une époque de beaucoup antérieure aux temps historiques les
plus reculés.

Cette opinion est si évidente d'elle-même,
et si unanimement adoptée aujourd'hui, que
si je ne prenais à tâche de vous faire mention
de tout ce qu'on a pu imaginer de différent,
je ne vous parlerais pas de l'hypothèse qui
attribue à une action désordonnée des forces
créatrices de la nature, la formation de ces
productions marines dans le sein de la terre,
fondée sur cette futile raison, que la plupart
des coquilles trouvées ainsi à l'état fossile
ont, à l'extérieur, une couleur semblable à
celle des pierres où elles sont renfermées.
Cette opinion se trouve mentionnée dans un
ouvrage imprimé en 1749. Quoique à cette
époque la connaissance de ces faits fût encore
bien neuve et bien rétrécie, l'auteur ne laisse
rien à désirer sur la manière dont il la réfute,
d'après un écrivain antérieur à lui. Comme
je ne serais pas sûr de m'expliquer aussi bien
qu'il le fait lui-même, je prends le parti
commode de vous transcrire quelques pages
de son livre.

« Comme ces coquilles sont composées de pellicules appliquées les unes sur les autres, il est naturel qu'après la mort du poisson surtout elles s'imbibent de la vase, du limon, ou du sable, où elles sont ensevelies, et qu'elles en prennent la couleur. Mais elles sont d'ailleurs distinguées à leur extérieur de la substance des pierres où elles se trouvent, par une matière vitriolique, et par un poliment qui les en sépare aisément. Si vous les laissez même tremper long-temps dans l'eau, elles se dépouilleront de leur pétrification, et en partie de la couleur qu'elles avaient contractée ; ce qui justifie parfaitement que ces coquillages, ces arêtes, ces dents de poissons, sont de véritables corps marins.

» Scilla rapporte divers groupes de pétrifications très remarquables. On voit dans les uns plusieurs de ces coquillages mêlés les uns avec les autres, et des dents de poissons entrelacées. Celles de la mâchoire supérieure sont distinguées de celles de l'inférieure, et celles de la mâchoire droite ont une forme différente de celles de la gauche.

» Woodward, auteur anglais, a composé depuis un traité pour prouver que la plupart de celles qu'on trouve dans la petite île de Malte sont des dents d'un poisson appelé chien marin. Un groupe singulier, gravé dans la dissertation de Scilla, est celui où l'on voit une mâchoire pétrifiée à laquelle trois de ces dents tiennent encore. De là l'auteur conclut que celles qu'on voit détachées de leur mâchoire, et insérées dans ces pierres, n'ont point une origine différente de celles-là : aussi y en a-t-il encore, dans ces groupes, avec leurs racines, comme sans racines. On y voit aussi de ces dents avec leur émail, d'autres auxquelles il n'en manque qu'une partie.

» Si ces productions venaient de la pierre même, dit Scilla, la substance et la couleur de ces dents seraient égales ; mais l'émail en est plus dur que l'intérieur, et la couleur en est diverse. Si elles se formaient dans la pierre, ce serait ou par accroissement ou tout à la fois ; mais, en commençant du petit pour aller au grand, la dent rencontrerait dans la dureté de la pierre un obstacle à son accroissement. Au contraire, en admettant qu'elle s'y produit dès le commencement dans toute sa grandeur, on va contre les règles de la nature, qui ne fait ses ouvrages que successivement.

» On voit aussi dans ces groupes plusieurs de ces dents usées : or pourquoi le seraient-elles si elles n'avaient point servi ? Ces groupes contiennent encore divers coquillages écrasés ; ce qui ne serait pas s'ils s'étaient formés dans la pierre. D'autres sont brisés en plusieurs pièces, qui se distinguent par le rapport d'une pierre à l'autre. On y voit des hérissons de mer, à côté desquels sont leurs défenses pétrifiées comme eux ; et ces pierres réunies formeraient le hérisson parfait, comme les morceaux d'une porcelaine cassée, réunis ensemble, feraient la tasse ou l'assiette brisée.

» Les pièces de ces coquilles portent d'ailleurs les marques sensibles de leur rupture ; on voit qu'elles ont été brisées : au contraire, si ces débris étaient l'ouvrage de la nature, les bords en seraient unis comme le reste du coquillage ; ils seraient arrondis comme le sont ceux d'un vase que la main de l'ouvrier a dressé. Telles sont les extrémités d'un corps tronqué formé dans la matière naturelle. Que la nature produise un animal sans bras ou sans pied, l'extrémité à laquelle manque ce pied ou ce bras ne sera certainement point dans le même état que si le fer en eût retranché ces parties, ou si elles en avaient été séparées par quelque accident ; elle sera revêtue de peau, et unie comme le reste du corps.

» On trouve encore dans ces groupes des représentations de matrices de coquillages, les uns naissants, d'autres plus avancés. On y voit des coraux et des peaux de serpents en grand nombre. Un des plus singuliers est celui qui représente une écrevisse de mer tenant entre ses serres un coquillage déjà à moitié écrasé. Serait-ce, dit l'auteur, l'effet du pur hasard qui aurait imité si parfaitement ce qui se passe chaque jour dans la mer entre l'espèce des écrevisses et celle des coquillages qui sont la proie de celle-là. Enfin, il y a dans ces groupes une coquille où se trouve l'animal même pétrifié : preuve sans réplique qu'il y a vécu. »

Scilla, cet auteur qui prouvait d'une manière si concluante l'origine marine des coquilles qu'on trouve dans l'intérieur de la
terre et jusqu'au sommet des plus hautes
montagnes, cherche à expliquer leur production, au moyen d'une hypothèse qu'il suffit d'énoncer pour en faire sentir le ridicule.

Il suppose qu'il existe des conduits au
moyen desquels la mer communique avec
tous les points de la terre ; que les germes
des poissons, s'égarant le long de ces conduits, viennent se placer dans l'intérieur des
terres, où ils se développent. Il serait, je
le répète, aujourd'hui ridicule de chercher
sérieusement à prouver, d'abord, que ces canaux prétendus n'existent pas; ensuite, que,
quand ils existeraient, il serait impossible
que les germes des poissons, après avoir
voyagé jusqu'à leur extrémité, pussent fil-
trer à travers les montagnes, s'élever à leur
sommet, et y devenir féconds après y être
parvenus.

LETTRE VII.

SOL DE TRANSPORT ET DE SÉDIMENT.

J'espère, Madame, que vous resterez suffisamment convaincue, par ma dernière lettre, de l'existence des corps marins dans l'intérieur des continents, aussi bien vers le sommet des plus hautes montagnes, que dans les cavités les plus basses des vallées les plus profondes ; et que vous aurez de plus reconnu que ces débris ont appartenu à des animaux vivant dans la mer, et qui n'ont pu être déposés où ils sont que par elle. Par conséquent, la présence de l'océan à une époque quelconque, et pendant un temps plus ou moins long, sur la partie de la terre que nous habitons doit être pour vous une chose prouvée.

Mais ce séjour a-t-il été l'effet d'une crue subite des eaux, par suite de laquelle la mer, entraînant avec violence tous les produits qu'elle renfermait dans son sein, les aurait transportés pêle-mêle dans les lieux envahis par elle ? Pour peu qu'on y réfléchisse, on verra bientôt qu'il n'en a pas été ainsi.

Il serait en effet impossible de concevoir, 1° comment la mer eût pu entraîner ces énormes amas de coquilles, capables, comme je l'ai déjà dit, de couvrir quelquefois plusieurs centaines de lieues; 2° en admettant qu'elle les eût transportés, comment elle aurait pu les faire pénétrer à l'intérieur du sol, dans tous les lieux où nous les trouvons aujourd'hui : car il faudrait supposer qu'elle eût délayé la surface de nos continents à des profondeurs immenses; et de plus, comme on trouve fréquemment des débris de corps marins dans l'intérieur des pierres les plus dures, on se trouverait forcé d'admettre, contre toute vraisemblance et toute possibilité, qu'elle les eût aussi liquéfiées, pour déposer ces débris dans leur pâte ramollie. Si on passait sur ces difficultés insurmontables, on en rencontrerait d'autres non moins grandes. Si les coquilles avaient été tumultueusement emportées par les eaux,

elles devraient avoir été toutes brisées par
le frottement qu'elles auraient éprouvé, soit
entre elles, soit contre les rochers et la surface des continents ; on devrait donc les rencontrer toutes par morceaux et entassées
pêle-mêle dans le plus grand désordre.
Mais, au contraire, la plupart se sont conservées dans un état d'intégrité si parfaite,
qu'on les retrouve encore avec leurs angles
les plus aigus, leurs arêtes les plus saillantes ; et que sur plusieurs on distingue
même fort bien la substance nacrée qui brille
à l'intérieur.

Ajoutons qu'on trouve aussi des débris
de plantes à l'état de fossile, et qu'elles
donnent lieu à une remarque semblable.
En effet, le célèbre Jussieu, dans une dissertation sur ce sujet, imprimée au commencement du dix-huitième siècle *, fait
observer que, parmi ces plantes (toutes
d'ailleurs ou inconnues aujourd'hui, ou au
moins étrangères au pays dans lequel on les
rencontre), il y en a bien plusieurs brisées,

* Sur les herbes, coquilles de mer et autres corps qui se trouvent dans certaines pierres de Saint-Chaumont en Lyonnais.

mais qu'on n'en trouve aucune repliée sur
elle-même ; on les rencontre toutes cou-
chées à plat dans toute leur étendue, comme
si on les avait collées avec la main, ce qui
suppose qu'elles ont été déposées tranquillement dans une substance molle, qui depuis
s'est durcie en les conservant dans son intérieur.

Une preuve non moins forte de la formation de nos terrains par un séjour tranquille
de la mer se tire de l'uniformité de composition des couches horizontales dans une
grande étendue de terrain, et même dans des
montagnes séparées actuellement par des
vallées ou des bras de mer; car, dans ces
montagnes, on ne manque pas de trouver aux
mêmes hauteurs des couches qui se succèdent d'une manière si semblable, qu'il est
impossible de ne pas reconnaître qu'elles
ont été formées en même temps dans les
mêmes eaux, avant les grandes révolutions
qui les ont séparées; ce qui d'ailleurs est évident à la simple inspection de leur extérieur,
par la manière dont leurs angles saillants et
rentrants se correspondent.

Concluons de tout ceci, Madame, que les débris de corps marins que la mer a laissés dans nos continents sont le résultat d'un séjour tranquille qu'elle y a fait, et qu'on doit chercher ailleurs les preuves du déluge qu'attestent les traditions religieuses de tous les pays.

Le séjour de la mer a été très long, puisqu'il a permis à des dépôts si considérables de se former; bien plus, il a été assez prolongé pour que les produits organiques qu'ils renferment se soient modifiés de la manière la plus sensible, par suite du changement de température, ou de composition des eaux. Les coquilles fossiles les plus anciennes ne ressemblent en rien à celles que la mer renferme aujourd'hui dans son sein; mais peu à peu on les voit changer de nature, et les dernières, si elles n'appartiennent pas aux espèces qui vivent encore de nos jours, peuvent, au moins, être rapportées aux mêmes genres. Cette différence paraît, je le répète, exiger qu'on accorde à ces premiers débris une antiquité qui les place bien loin au-delà de la première époque de l'existence de la race humaine.

Au commencement du siècle dernier on n'avait encore pour expliquer la composition intérieure du globe et la formation des couches qui composent son enveloppe la plus superficielle que les données que je viens de vous présenter ; aussi ceux des auteurs dont l'imagination avait essayé de faire des théories sur ce sujet n'avaient donné que des aperçus assez vagues. Les meilleurs esprits voyaient bien que la mer avait séjourné jadis sur nos terres ; mais, faute de documents suffisants, on n'avait pas été au-delà de la supposition d'une diminution graduelle des eaux de la mer, qu'on supposait avoir autrefois couvert toute la surface du globe, jusqu'au-dessus du sommet des plus hautes montagnes, et s'être peu à peu retirée, laissant à découvert des terrains qui servaient bientôt à la propagation des animaux et des végétaux. Des recherches qui ne datent guère que du commencement de ce siècle ont donné des idées beaucoup plus précises sur ce sujet.

C'est à une étude plus approfondie des corps fossiles que nous devons les lumières récentes acquises sur la théorie de la terre. Eux seuls, comme nous l'avons dit, nous donnent la certitude que le globe n'a pas toujours eu la même enveloppe ; eux seuls nous apprennent que les couches se sont déposées lentement dans un liquide, et que ce liquide a changé de nature. C'est par eux aussi, comme nous allons le voir tout à l'heure, qu'on a pu reconnaître d'une manière incontestable la nature des diverses couches, et constater que, si la plupart sont de formation marine, il y en a aussi de formation d'eau douce ; par eux seuls, enfin, nous allons être en état de prouver que leur mise à nu a eu lieu plus d'une fois, qu'elle a été occasionée par le transport du liquide, et que les révolutions ont été subites.

La France a le bonheur de posséder un naturaliste tel que la nature en produit rarement, et dont la vie ne peut manquer de faire une brillante époque dans l'histoire de la science. M. Cuvier, doué du plus grand génie d'observation, et de la connaissance la plus approfondie des lois de la nature, est parvenu à recomposer, au moyen des débris, presque toujours très imparfaits, qu'on trouve en fouillant la terre, le squelette de la plupart des animaux auxquels ils ont appartenu; par ce moyen, il est parvenu à enrichir la science de la connaissance d'un grand nombre de quadrupèdes terrestres entièrement inconnus avant lui.

L'étude de ces derniers animaux est encore plus importante que celle des animaux marins. Car, leur race étant mieux connue, on peut être plus sûr qu'ils appartenaient à des espèces ou des genres inconnus aujourd'hui. Ils indiquent de plus que les couches dans lesquelles ils se trouvent ont été desséchées, puis inondées de nouveau, quelquefois même subitement, comme nous le verrons bientôt; et d'ailleurs il est évident qu'une irruption marine a dû faire périr tous les quadrupèdes qui vivaient à la surface du sol, tandis qu'on conçoit que les animaux marins pourraient y résister, du moins en grande partie *, de sorte qu'on

* Des recherches toutes récentes de M. Cuvier paraissent établir que les animaux marins n'ont pas plus survécu aux cataclysmes de la nature que les autres, et qu'après chaque catastrophe,

peut espérer d'avoir dans une série de couches successives la totalité des animaux quadrupèdes qui ont subi chacune des irrup-
tions de la mer.

Vous concevez, Madame, combien il devait être difficile de déterminer les genres et
les espèces d'animaux qui ne ressemblent parfaitement à aucun de ceux qui vivent maintenant sur la terre, et dont on ne possède que
des débris imparfaits. M. Cuvier y est pourtant parvenu, à l'aide d'une observation profonde, et d'inductions si ingénieuses, que, si
vous ne m'aviez pas interdit les renvois, je
vous renverrais au grand ouvrage qu'il publie
sur les animaux fossiles, pour que vous fus-
siez à même de les apprécier. Vous y verriez
qu'il est parvenu à déterminer et à classer les
restes de 78 animaux quadrupèdes, tant vivipares qu'ovipares.

Il partage ces animaux en genres et en espèces, et il en compte 49 qui appartiennent
à des espèces tout-à-fait inconnues jusqu'à
lui. Sur ces 49, il en est 27 dont les genres

la race entière des animaux a été renouvelée dans les pays qui en
ont été la victime.

ont été perdus, et qui forment 7 nouveaux
genres; les 22 autres espèces se rapportent à des genres ou sous-genres connus. .
29 animaux, ou appartiennent à des espèces
connues, ou ne sont pas encore assez bien
déterminés pour qu'on puisse se prononcer
d'une manière positive sur leur classification.

Et ne croyez pas, Madame, que l'imagination de l'observateur ait pu l'égarer dans ses
recherches; l'assiduité avec laquelle elles ont
été faites, aidée sans doute par d'heureux
hasards (car le hasard joue aussi bien souvent un grand rôle dans l'histoire de nos découvertes), nous a procuré les squelettes
presque entiers de plusieurs de ces animaux,
et tous ont jusqu'ici complètement confirmé
les conjectures avancées par M. Cuvier sur
des os ou même des portions d'os séparés.

Le résultat des recherches les plus posi-
tives faites sur les animaux fossiles a été de
montrer, d'une manière incontestable, des
couches d'eau douce avec les débris des animaux qui vivaient sans doute sur les bords
des lacs qui les ont formés, entourées en
dessous et en dessus de couches marines

dont le dépôt avait précédé et suivi la vie et
la destruction de leurs espèces. Chacune de
ces couches prouve donc que la mer avait
laissé son ancien lit assez long-temps à sec
pour permettre le développement de différentes races d'animaux, qu'une nouvelle révolution venait subitement détruire après un
laps de temps plus ou moins considérable.
Je dis que la mer venait détruire *subitement*
ces animaux qui vivaient en paix sur un sol
desséché peut-être depuis des milliers de
siècles : des découvertes merveilleuses ont
prouvé ce résultat de la manière la plus positive. Il n'y a rien de plus admirable dans
ce genre que l'histoire de l'éléphant trouvé
dans le nord de la Laponie, vers l'embouchure de la Lena, au milieu d'une montagne
de glace, et observé par M. Adams, naturaliste anglais.

Voici l'histoire telle que M. Cuvier l'a ex-
traite des *Mémoires de l'Académie de Pétersbourg* (tome VIII, an 1815):

«En 1799, un pêcheur tongouse remarqua,
sur les bords de la mer Glaciale, près de
l'embouchure de la Lena, au milieu des

glaçons, un bloc informe qu'il ne put reconnaître. L'année d'après il s'aperçut que cette masse était un peu plus dégagée ; mais il ne devinait pas encore ce que cela pouvait être. Vers la fin de l'été suivant, le flanc tout entier de l'animal et une des défenses étaient distinctement sortis des glaçons. Ce ne fut que la cinquième année que, les glaces ayant fondu plus vite que de coutume, cette masse énorme vint échouer à la côte sur un banc de sable. Au mois de mars 1804, le pêcheur enleva les défenses, dont il se défit pour une valeur de cinquante roubles. On exécuta, à cette occasion, un dessin grossier de l'animal, dont j'ai une copie que je dois à l'amitié de M. Blumenbach. Ce ne fut que deux ans après, et la septième année de la découverte, que M. Adams, adjoint de l'académie de Pétersbourg, et aujourd'hui professeur à Moscou, qui voyageait avec le comte Golowskin, envoyé par la Russie en ambassade à la Chine, ayant été informé à Jakutsh de cette découverte, se rendit sur les lieux. Il y trouva l'animal déjà fort mutilé. Les Jakoutes du voisinage en avaient dépecé les chairs pour nourrir leurs chiens, des bêtes féroces en avaient aussi mangé ; cependant le squelette se trouvait encore entier, à l'exception d'un pied de devant. L'épine du dos, une omoplate, le bassin et les restes des trois extrémités étaient encore réunis par les ligaments et par une portion de la peau. L'omoplate manquante se retrouva à quelque distance. La tête était couverte d'une peau sèche ; une des oreilles, bien conservée, était garnie d'une touffe de crin. On distinguait encore la prunelle de l'œil ; le cerveau se trouvait dans le crâne, mais desséché ; la lèvre inférieure avait été rongée, et la lèvre supérieure détruite laissait voir les mâchelières. Le cou était garni d'une longue crinière ; la peau était couverte de crins noirs et d'un poil ou laine rougeâtre. Ce qui en restait était si lourd, que dix personnes eurent beaucoup de peine à le transporter. On retira, selon M. Adams, plus de trente livres pesant de poils et de crins que les ours blancs avaient enfoncés dans le sol humide en dévorant les chairs. L'animal était mâle ; ses défenses étaient longues

de plus de neuf pieds en suivant les courbu-
res, et sa tête, sans les défenses, pesait plus
de quatre cents livres. M Adams mit le plus
grand soin à recueillir ce qui restait de cet
échantillon unique d'une ancienne création.
Il racheta ensuite les défenses à Jakutsk.
L'empereur de Russie, qui a acquis de lui
ce précieux monument moyennant la somme
de 8,000 roubles, l'a fait déposer à l'académie de Pétersbourg. »

Ce qui semble surtout digne de remarque
dans cette merveilleuse histoire, c'est la
double fourrure dont la peau de cet animal
antédiluvien était couverte, et qui paraît si
heureusement adaptée au climat du pays
dans lequel on l'a retrouvé. Si on fait attention à la différence qui existe, sous ce rapport, entre les éléphants qui ont vécu jadis
dans les régions polaires et ceux d'aujour-
d'hui, qui leur ressemblent d'ailleurs si
fort et auxquels la nature s'est pourtant
bien gardée de donner des poils qui n'auraient pu que les incommoder dans les
régions brûlantes qu'ils habitent, on aura
une nouvelle preuve de l'attention vigi-

lante avec laquelle elle sait mettre l'organisation des êtres vivants en rapport avec les circonstances locales dont elle les entoure.

Il faut pourtant remarquer que nous ne pouvons savoir d'une manière positive quelle était la température du nord de la Laponie à l'époque où ces éléphants y vivaient.

Je reviendrai sur ce sujet, et pour le moment je me contenterai de vous faire observer que certainement elle n'était pas alors aussi froide qu'elle l'est de nos jours, et que de plus la conservation de l'éléphant de M. Adams, prouve que dans ces lieux elle a changé assez rapidement pour que l'animal ait été saisi par les glaces en moins de temps qu'il n'en aurait fallu pour faire tomber ses chairs en putréfaction.

Cet exemple si frappant des révolutions subites du globe n'est pas le seul qu'on puisse apporter en preuve de leur existence : on a déposé, si je ne me trompe, à Washington, le squelette d'un rhinocéros fossile trouvé en 1771 sur les bords du Vilhoni, à quelques pieds de profondeur, et si parfaitement conservé, qu'il était également recouvert de ses chairs et de sa peau.

Peut-être, Madame, en lisant le récit de ces merveilleuses découvertes, serez-vous tentée de croire que les observateurs ont été induits en erreur, et qu'ils ont pu prendre pour antédiluviens des restes d'animaux dont la mort ne remontait qu'à quelques siècles. On a pu commettre et on a commis en effet autrefois de pareilles erreurs; mais la chose n'est plus possible aujourd'hui, car les espèces trouvées à l'état fossile diffèrent presque toutes de celles qui existent maintenant, par des caractères particuliers; et l'étude de ces caractères, grâce aux travaux des naturalistes de nos jours, est si avancée, qu'il n'est personne, pour peu qu'il ne soit pas trop étranger à l'histoire naturelle, qui ne puisse les reconnaître facilement.

Si vous m'en témoignez le désir, dans une de mes prochaines lettres, je vous parlerai des animaux fossiles les plus remarquables, et des caractères qui les distinguent de ceux des mêmes espèces qui sont encore vivants parmi nous.

LETTRE VIII.

CONTINUATION DE L'ÉCORCE MINÉRALE.

Dans mes précédentes lettres je me suis attaché, en vous parlant de l'écorce minérale du globe, à vous faire distinguer les deux parties dont elle se compose, dont l'une, le *sol primordial*, a recouvert la masse interne depuis les temps les plus reculés ; et l'autre, le *sol de transport et de sédiment*, est évidemment beaucoup plus récente, et forme l'écorce la plus superficielle : ces deux parties sont composées de couches successives très minces, très nombreuses, et très différentes entre elles.

Les couches qui composent le *primordial*, comparées à celles du sol de sédiment, en diffèrent surtout par la nature des roches ; mais elles en diffèrent encore, 1° par l'épaisseur plus considérable des couches, 2° par leur plus grande constance et

leur parallélisme mieux soutenu ; 3° enfin ,
par la nature des produits organiques qu'elles
renferment. Cette dernière circonstance est
extrêmement curieuse par les résultats auxquels elle conduit : elle nous apprend que la
vie n'a pas toujours existé sur le globe ; car ,
bien que les couches du sol primordial montrent évidemment , par leur cristallisation ,
qu'elles ont été formées dans un liquide * ,
comme on n'y rencontre pourtant aucun produit organique , on est forcé de conclure que
le liquide dans lequel elles se sont déposées
n'en formait pas , ou du moins qu'il n'en formait aucun qui fût susceptible de se conserver.

Ce n'est que dans les premières couches du
sol de transport et de sédiment qu'on commence à trouver des traces des premiers degrés
d'une organisation extrêmement simple ; plus
tard , et dans les couches plus élevées, se ma-
nifestent les débris de coquilles et d'animaux

* Cette opinion est celle de M. Cuvier et du plus grand nombre des naturalistes vivants, mais elle n'est pas admise par tous
sans exception. Quelques géologues (et Buffon était de cet avis)
attribuent la formation de l'écorce primordiale à l'action du feu.

marins, mais toujours précédées des formations inorganiques de substances calcaires, comme si la nature s'était, pour ainsi dire, essayée de cette manière à la formation des coquilles, en préparant les matériaux qui entrent dans leur composition.

L'étude des couches successives, et surtout celle des animaux qu'elles renferment à l'état fossile, prouve avec la dernière évidence que la mer, après avoir séjourné sans doute des milliers de siècles sur nos contrées, et y avoir déposé, pendant les derniers périodes de son séjour, ces amas de coquilles qui surpassent de beaucoup en nombre celles qu'on pourrait trouver aujourd'hui dans l'océan tout entier, laissa enfin à découvert un sol propre à nourrir des quadrupèdes terrestres dont les genres ont été détruits par les cataclysmes suivants. Si, avant cette retraite, la mer avait quelquefois cessé momentanément de couvrir nos contrées, elle n'avait abandonné qu'un sol impropre à la végétation, et par là incapable de pourvoir à la nourriture des animaux d'un ordre un peu élevé.

Depuis ce temps, la terre que nous habitons a encore été plus d'une fois envahie par la mer, qui est venue subitement s'en emparer; mais les traces qui nous restent de ces inondations portent les caractères de mouvements tumultueux et peu durables, de sorte que les retraites fréquentes des eaux permettaient aux animaux échappés aux dernières inondations, de se reproduire et de se multiplier. La dernière un peu considérable, et probablement la seule qui a eu lieu depuis que l'homme existe sur la terre, est sans doute ce déluge dont le souvenir est conservé dans les traditions de tous les anciens peuples; car l'homme, comme le couronnement de la création, a dû paraître le dernier sur le globe. On n'a trouvé nulle part ses ossements à l'état fossile, parceque la mer n'ayant pas changé de lit depuis la dernière catastrophe qui a détruit presque toute son espèce, ses débris sont sans doute restés ensevelis dans les profondeurs de l'océan.

Je sens fort bien, Madame, que vous ayant si souvent parlé de ces révolutions fréquentes qui ont fait passer alternativement sous l'océan toutes les parties de nos continents, et déterminé ainsi les différentes *formations* marines qui composent la plus grande partie de l'écorce minérale, je dois, sans plus de délais, entrer dans quelques détails à ce sujet. Et d'abord, puisque je me suis servi du mot *formation*, qui reviendra souvent par la suite, il est bon que je vous dise ce qu'il doit exprimer. En géologie, on entend par là un ensemble de différentes couches de nature quelquefois très différente entre elles, mais qui ont dû être *formées* sans interruption totale de la cause qui les produisait.

Vous comprenez tout de suite sans doute, Madame, que, bien que les grandes divisions de l'écorce minérale soient applicables à toute l'étendue de la terre, et que partout on observe un rapport assez constant entre les formations successives, on doit cependant, quand on examine les choses en détail, trouver des différences partielles assez marquées pour que des recherches particulières soient indispensables dans chaque localité.

Tout prouve que les grandes chaînes de

rochers ont été formées par le redressement des couches du sol primordial, avant la formation du sol de sédiment; et que ce redressement a porté leurs sommets à une hauteur que la mer n'a jamais atteint depuis : aussi ces sommets consistent-ils dans des crêtes nues et saillantes de granite, tandis que sur les flancs le même granite qu'on retrouve est toujours en dessous, et a été successivement recouvert par les matières qu'y déposait la mer.

Ces sommets ont donc formé des îles, et les crêtes prolongées ayant dû déterminer des bassins séparés, le liquide de chacun de ces bassins a éprouvé à part des variations, par suite desquelles la nature des dépôts précipités changea nécessairement. Il en fut de même pour les êtres vivants qu'ils renfermaient dans leur sein; et de là viennent, au milieu de l'uniformité de composition du sol de transport, considéré d'une manière générale, les différences partielles relatives aux localités.

Il était bien naturel que le sol où se trouve situé Paris devînt l'objet de l'étude spéciale des hommes célèbres qui l'habitent, et qui, tout en satisfaisant une curiosité bien naturelle, devaient donner l'exemple de la manière dont on doit procéder à ce genre de recherches. C'est ce qui a été fait par M. Cuvier, qui, conjointement avec un autre célèbre naturaliste, a exécuté le plus beau travail sur ce sujet *. Je veux, autant qu'il me sera possible, vous donner une idée des résultats auxquels ils sont parvenus ; et je commence par emprunter à l'ouvrage lui-même la circonscription des limites du golfe que formait autrefois le bassin dans lequel Paris a été construit.

« Le bassin de la Seine est séparé, pendant un assez grand espace, de celui de la Loire, par une vaste plaine élevée dont la plus grande partie porte vulgairement le nom de Beauce, et dont la portion moyenne, et la plus sèche, s'étend du nord-ouest au sud-est, sur un espace de

* *Essai sur la géographie minéralogique des environs de Paris,* par MM. Cuvier et Brongniart. La première édition a paru en 1810: l'ouvrage a été réimprimé depuis, et il a été fondu dans le grand ouvrage de M. Cuvier sur les ossements fossiles.

plus de quarante lieues, depuis Courville
jusqu'à Montargis.

» Cette plaine s'appuie vers le nord-ouest
à un pays plus élevé qu'elle, et surtout
beaucoup plus coupé, dont les rivières
d'Eure, d'Aure, d'Illon, de Rille, d'Orne, de
Mayenne, de Sarte, d'Huine et de Loir,
tirent leurs sources. Ce pays, dont la partie la plus élevée, qui est entre Scez et
Mortagne, formait autrefois la province du
Perche et une partie de la Basse-Norman-
die, appartient aujourd'hui au département de l'Orne.

» La ligne de séparation physique de la
Beauce et du Perche passe, à peu près, par
les villes de Bonnevalle, Alluye, Iliers,
Courville, Pontgouin et Verneuil.

» De tous les autres côtés, la plaine domine
ce qui l'entoure.

» Sa chute, du côté de la Loire, ne nous
intéresse pas pour notre objet.

» Celle qui est du côté de la Seine se fait
par deux lignes, dont l'une, à l'occident,
regarde l'Eure, et l'autre, à l'orient, regarde immédiatement la Seine.

» La première va de Dreux vers Mantes.

» L'autre part d'auprès de Mantes, passe par Marly, Meudon, Palaiseau, Marcoussy, la Ferté-Alais, Fontainebleau, Nemours, etc.

» Mais il ne faut pas se représenter ces deux lignes comme droites ou uniformes; elles sont au contraire sans cesse inégales, déchirées, de manière que si cette vaste plaine était entourée d'eau, ses bords offriraient des golfes, des caps, des détroits, et seraient partout environnés d'îles et d'îlots.

» Ainsi, dans nos environs, la longue montagne où sont les bois de Saint-Cloud, de Ville-d'Avray, de Marly et des Aluets, et qui s'étend depuis Saint-Cloud jusqu'au confluent de la rivière de Mauldre dans la Seine, ferait une île séparée par le détroit où est aujourd'hui Versailles, par la petite vallée de Sèvres, et par la grande vallée du parc de Versailles.

» L'autre montagne, en forme de feuille de figuier, qui porte Bellevue, Meudon, les bois de Verrière, ceux de Chaville, formerait une seconde île séparée du con-

tinent par la vallée de Bièvre et par celle
des coteaux de Jouy.

» Mais ensuite, depuis Saint-Cyr jusqu'à
Orléans, il n'y a plus d'interruption com-
plète, quoique les vallées où coulent les
rivières de Bièvre, d'Ivette, d'Orge, d'E-
tampes, d'Essonne et de Loing, entament
profondément le continent du côté de l'est;
celles de Vesgre, de Voise et d'Eure, du
côté de l'ouest.

» La partie de la côte la plus déchi-
rée, celle qui présenterait le plus d'é-
cueils et d'îlots, est celle qui porte vulgairement le nom des Gâtinais français, et
surtout sa portion qui comprend la forêt
de Fontainebleau.

» Les pentes de cet immense plateau sont
en général assez rapides, et tous les escarpements qu'on y voit, ainsi que ceux des
vallées, et les puits que l'on creuse dans le
haut pays, montrent que sa nature physique est la même partout, et qu'elle est formée d'une masse prodigieuse de sable fin
qui recouvre toute cette surface, passant
sur tous les autres terrains ou plateaux infé-

rieurs sur lesquels cette grande plaine domine.

» Sa côte qui regarde la Seine, depuis la
Mauldre jusqu'à Nemours, formera donc
la limite naturelle du bassin que nous
avons à examiner.

» De dessous ses deux extrémités, c'est-à-
dire vers la Mauldre, et un peu au-delà
de Nemours, sortent immédiatement deux
portions d'un plateau de craie qui s'étend
en tous sens, et à une grande distance pour
former toute la haute Normandie, la Pi-
cardie et la Champagne.

» Les bords intérieurs de cette grande
ceinture, lesquels passent, du côté de l'est,
par Montereau, Sezanne, Épernay ; de
celui de l'ouest, par Montfort, Mantes,
Gisors, Chaumont, pour se rapprocher de
Compiègne, et qui font au nord-est un
angle considérable qui embrasse tout le
Laonnais, complètent, avec la côte sa-
bleuse que nous venons de décrire, la limite naturelle de notre bassin.

» Mais il y a cette différence, que le plateau sableux qui vient de la Beauce est

supérieur à tous les autres, et par conséquent le plus moderne, et qu'il finit entièrement le long de la côte que nous avons
marquée; tandis qu'au contraire le plateau
de craie est naturellement plus ancien et
inférieur à tous les autres; qu'il ne fait
que cesser de paraître au dehors, le long
de la ligne de circuit que nous venons d'indiquer; mais que, loin d'y finir, il s'enfonce visiblement sous les supérieurs; qu'on
le retrouve partout où l'on creuse ces derniers assez profondément, et que même il
s'y relève dans quelques endroits, et s'y
reproduit, pour ainsi dire, en les per-
çant.

» On peut donc se représenter que les
matériaux qui composent le bassin de Paris,
dans le sens où nous le limitons, ont été déposés dans un vaste espace creux, dans une
espèce de golfe dont les côtes étaient de
craie.

» Ce golfe faisait peut-être un cercle entier,
une espèce de grand lac; mais nous ne pouvons pas le savoir, attendu que ses bords, du
côté sud-ouest, ont été recouverts, ainsi

que les matériaux qu'ils contenaient, par le grand plateau sableux dont nous avons parlé d'abord. »

A toutes les preuves qui se trouvent dans cette description, permettez-moi, Madame, d'en ajouter une qui augmentera peut-être la conviction où vous êtes sans doute déjà, que le lieu qu'occupe Paris a fait autrefois partie du fond d'un vaste golfe.

Si on examine les terrains situés sur toutes les parties qui ont dû former ses bords, on y trouve une très grande quantité de cailloux roulés, souvent réunis en poudings, semblables à ceux qu'on trouve sur les grèves des golfes encore occupés par la mer. Aujourd'hui ils peuvent nous servir à reconnaître les limites de l'ancien golfe dont nous parlons, comme les corps légers laissés par la Seine sur ses rivages, après une crue de ses eaux, nous indiquent, lorsqu'elles sont retirées, jusqu'où elles se sont étendues. MM. Cuvier et Brongniart entrent plus loin dans quelques détails sur les lieux où l'on trouve ces cailloux.

« On les voit très bien, en bancs immenses,

près de Nemours, et précisément entre la craie et le terrain qui la suit.

» On les revoit à Moret, près de la pyramide; ils y forment encore de très beaux poudings.

» Le terrain que l'on parcourt en allant de Beaumont-sur-Oise à Ivry-le-Temple est entièrement composé de cailloux roulés, répandus plus ou moins abondamment dans une terre argilo-sablonneuse, rouge, qui recouvre la craie. C'est encore ici un des bords du bassin de craie.

» On les retrouve du côté de Mantes, entre Triel et cette ville, dans un vallon qui est nommé sur les cartes la Vallée des Cailloux.

»Du côté d'Houdan, ils sont amoncelés sur les bords des champs, en tas immenses. Enfin la partie des plaines de la Sologne que nous avons visitée, depuis Orléans jusqu'à Salbris, est composée d'un sable siliceux brunâtre, mêlé d'une grande quantité de cailloux roulés, de plusieurs espèces. Ici ce ne sont plus seulement des silex, il y a aussi des jaspes et des quartz de diverses couleurs. On remarquera que ce sol de rivage couvre la craie presque immédiatement, comme on peut l'observer avant d'arriver à Salbris, etc., et qu'il est bien différent des sables du pays chartrain, de la Beauce, etc., qui ne contiennent aucuns cailloux roulés. »

La craie qui forme le fond du golfe ou bassin dans lequel sont déposés les terrains de nos environs est une formation beaucoup plus ancienne et plus importante qu'on ne l'a cru pendant long-temps ; elle se retrouve dans un grand nombre de lieux différents, et elle est recouverte partout de quatre ou cinq formations bien distinctes qui lui sont certainement postérieures, ce qui prouve qu'elle remonte à une très haute antiquité. On ne doit pourtant pas la placer au rang des couches les plus anciennes du sol de sédiment : il existe en effet dans plusieurs lieux (à Honfleur par exemple) des couches de ce sol évidemment antérieures à la craie, et dans lesquelles on trouve des crocodiles fossiles ; or les crocodiles ne vivant que dans certains fleuves et sur leurs rivages, leur présence dans ces couches inférieures prouve d'une manière évidente que, dans ces lieux, des eaux douces et des terres sèches ont précédé la formation de la craie.

Il n'en est pas ainsi dans le bassin dont nous nous occupons; la craie des environs de Paris n'est séparée du sol primordial que par une seule formation (le calcaire compacte) qui ne renferme point de fossiles, et elle paraît lui avoir succédé sans aucune retraite des eaux, par suite d'un simple changement dans la nature du liquide.

Le genre *bélémnite* est le fossile caractéristique de la craie; on y trouve, dans nos environs, des dents de *squale,* animal marin. Dans quelques autres lieux, on y rencontre des tortues et plusieurs reptiles de l'ordre des sauriens; mais ce sont toujours des êtres vivant dans la mer, de sorte qu'on ne peut conserver le moindre doute sur l'origine marine de la formation crayeuse.

Quand la mer, qui avait déposé la craie, se fut retirée, le pays que nous occupons avait un aspect, sous tous les rapports, bien différent de celui qu'il présente aujourd'hui

Figurez-vous, Madame, une vaste campagne de craie blanche, formant, non pas une surface unie, mais un bassin à fond inégal et bosselé, présentant çà et là des buttes considérables à faces nettement coupées. Ces buttes différaient de celles qui les ont remplacées en ce qu'au lieu de s'élever toutes, comme ces dernières, à une hauteur à peu près égale, elles présentaient de très grandes différences sous ce rapport. La plupart, en effet, étaient fort basses, tandis que d'autres, comme celles de Meudon et du Calvaire, avaient une élévation qui les a constamment tenues au-dessus du niveau des mers qui ont depuis envahi notre pays. Aussi, tandis que les premières sont recouvertes de tous les terrains formés par ces mers, les protubérances des autres montrent encore la craie presque à nu, telle qu'elle existait primitivement, formant de véritables îles de craie au milieu du terrain qui les environne.

Au reste, ces lieux, qui étaient les plus élevés de nos environs dans le temps où la formation crayeuse était à la surface du sol, ne le sont plus aujourd'hui, et les inégalités de cet

12.

ancien terrain n'ont presque aucune correspondance avec les inégalités actuelles.

La craie est restée à nu pendant un assez long espace de temps, car plusieurs observations incontestables prouvent qu'elle avait eu le temps de se solidifier quand la mer est revenue la couvrir et y déposer des produits entièrement différents.

Pendant que le sol crayeux était à découvert, il s'y forma des amas d'eau douce qui y laissèrent des dépôts. La matière de ces dépôts est connue sous le nom d'argile plastique ; on lui a donné ce nom, à cause de la propriété qu'elle a de prendre et de conserver aisément la forme qu'on lui imprime ; elle est onctueuse et tenace ; on s'en sert, suivant les différentes qualités, pour faire de la porcelaine fine ou des grès ; on en fait aussi des creusets, de la poterie rouge, etc.

Cette couche varie beaucoup d'épaisseur ; très puissante dans quelques lieux, elle s'amincit dans d'autres jusqu'à n'avoir plus que quelques pouces, ce qui s'explique facilement par l'inégalité des masses aqueuses qui l'ont déposée.

Jusqu'ici on n'a rencontré aucun corps fossile dans les couches inférieures de cet argile; mais dans les couches supérieures, on trouve un grand nombre de bois provenant des végétaux qui, vers la fin de l'époque qui nous occupe, croissaient sans doute sur notre sol.

On trouve aussi dans les mêmes couches supérieures quelques corps marins, qui, lorsque la mer est revenue, ont dû dans le fond de ses eaux se mêler aux produits d'eau douce enfouis dans l'argile encore mou.

Ce premier terrain d'eau douce déposé sur le sol de craie n'en changea pas bien sensiblement la surface; mais la mer, qui vint ensuite y séjourner pendant un temps qui ne put qu'être très long, laissa de nouveaux dépôts d'une importance bien plus grande sous tous les rapports : ces dépôts forment le terrain connu sous le nom de *calcaire grossier marin*, et il fournit les pierres employées pour la construction de nos édifices; c'est lui qu'on désigne dans les ouvrages de géologie sous le nom de *calcaire grossier des environs de Paris.*

Il présente une suite de couches considérables, renfermant des coquilles nombreuses, et remarquables sous plus d'un rapport : elles sont toutes en effet, comme celles qu'on trouve dans la Touraine, si bien conservées que leurs arêtes les plus délicates, leurs épines les plus saillantes, ne sont souvent pas même endommagées. On les rencontre dans une situation horizontale, comme si on les y avait placées exprès, et plusieurs conservent leur éclat nacré. Une autre circonstance non moins importante à noter, c'est la variation qu'on observe d'une couche à l'autre relativement aux espèces : ce n'est pas que chaque couche soit sous ce rapport entièrement différente de celles qui l'avoisinent ; mais une espèce très commune, je suppose, dans une couche inférieure, le devient un peu moins dans celle qui la recouvre immédiatement, et dans celle-ci on verra paraître quelques individus d'une espèce nouvelle ; la couche supérieure renfermera au contraire une grande quantité de cette nouvelle espèce ; et, ainsi de suite, on voit les premières espèces disparaître et être peu à peu remplacées par les nouvelles, de manière qu'on peut suivre

assez facilement les variations que le changement de nature du fluide a fait éprouver avec
le temps aux animaux qu'il nourrissait. Sans
doute il a fallu un long espace pour produire
de pareilles différences! Mais qu'est-ce que
le temps pour la nature? Quelques milliers
d'années sont beaucoup quand nous les com-
parons à la durée ordinaire de notre existence, mais c'est bien peu de chose pour
celle du globe entier.

Pour moi, quand je pense que l'ordre actuel
des choses remonte à cinquante ou soixante
siècles tout au plus, je suis tenté de le croire
d'hier. Douze ou quinze fois le nombre d'années que peut vivre un chêne ; cinquante ou
soixante fois celui qu'atteignent souvent les
hommes mêmes , nous conduiraient au-delà
du temps où la race humaine a paru pour la
première fois sur le globe. Nous sommes si
jeunes sur la terre, que nous n'avons pas
encore eu le temps de reconnaître la petite
portion de sa surface qui nous a été cédée
par l'océan. Si cette conviction de la nouveauté de notre espèce a quelque chose de
mortifiant pour notre vanité, j'y vois des

motifs pour se livrer à des espérances de perfectionnements futurs. Nous sommes bien jeunes encore pour être sages ; et peut-être nos neveux rejetteront, avec raison, sur la première enfance du monde nos sots préjugés, nos ridicules institutions, notre fureur de nous détruire, et ce penchant aux mesures de violence que la raison désavoue comme l'humanité. Mais je reviens à mes coquilles.

Dans les dernières couches, leur nombre diminue peu à peu, et elles finissent par disparaître entièrement. Quant aux premières couches, elles ne reposent pas immédiatement sur l'argile plastique, elles en sont séparées par une couche de sable d'une épaisseur variable ; et c'est une remarque qu'on a constamment occasion de faire, que l'interposition d'une plus ou moins grande quantité de sable entre deux formations différentes.

Le *calcaire coquillier grossier* étendu sur *l'argile plastique*, suit, comme celui-ci, les inégalités du sol de la craie ; mais il les adoucit, en se déposant plus abondamment dans les vallées que sur l'extrémité des butles ; c'est ce que nous apprennent les cavités creusées dans nos environs, soit pour la construction des puits, soit pour l'exploitation des carrières. Elles nous montrent de plus que les buttes du sol de craie n'ont apporté, en général, aucune interruption dans les couches du calcaire grossier, puisqu'on voit celles-ci s'élever sur leur penchant, et même présenter souvent plus d'épaisseur sur les lieux élevés.

La mer, après avoir fait sur nos parages le long séjour pendant lequel elle déposa la *formation* importante dont je viens de vous parler, se retira, et y laissa de vastes bassins d'eau douce, qui déposèrent de nouveaux produits très remarquables parcequ'ils renferment les premiers débris des mammifères terrestres dont nous retrouvions des traces. On rencontre bien, en effet, dans la craie et même avant la craie, des tortues, des crocodiles et différents autres animaux de la classe des reptiles ; le calcaire coquillier renferme, dans certains lieux, des os de lamantins et de phoques, qui sont des mammifères marins : mais les mammifères ter-

restes ne se rencontrent que dans les terrains
d'eau douce, dont nous allons nous occuper.

Ces terrains ne forment point de couches
absolument continues sur toute la surface
du bassin de Paris; mais ils y sont déposés
comme par taches, présentant des interrup-
tions, comme on devait s'y attendre, d'après
leur mode de formation. On en distingue
plusieurs.

1° Celui qu'on désigne sous le nom de
calcaire siliceux : c'est celui qui fournit les
pierres connues sous le nom de meulières,
dont on se sert pour la fabrication des meules.
Le caractère de cette *formation* est de ne renfermer aucun fossile; ce qui, pendant long-
temps, a tenu en suspens sur sa nature.

2° Le *gypse,* placé comme le précédent
au-dessus du *calcaire grossier.* Le terrain où
on le trouve doit être regardé comme un
composé de trois masses, dont la plus superficielle, et par conséquent la dernière formée,
que les ouvriers appellent partout la *première,*
parceque c'est elle qu'ils rencontrent d'abord
dans leurs travaux, est la plus importante.
C'est spécialement dans son épaisseur qu'on

trouve les ossements et quelquefois les squelettes entiers de ces quadrupèdes terrestres,
les *palæothériums* et les *anoplothériums* etc.,
les plus anciens du globe, et inconnus aujourd'hui dans la nature vivante. Ils ont
vécu sur le bord des eaux qui ont déposé ces
terrains, et ne parurent sans doute qu'à la
fin de cette époque, puisqu'on ne les trouve
jamais dans les deux masses inférieures.
Pourtant leur race a dû se soutenir long-
temps dans notre pays; car la masse qui les
renferme a, dans quelques endroits, jusqu'à
vingt mètres d'épaisseur.

3° Au-dessus du gypse sont placés des
bancs de marne de deux espèces, et dans les
lits inférieurs de cette marne se trouvent,
avec d'autres fossiles du genre animal, des
troncs de palmiers pétrifiés en silex, ce qui
tend à prouver qu'à l'époque où les palæothériums vivaient sur notre sol, la température
y était plus élevée qu'elle ne l'est maintenant.

L'effet qu'ont dû produire les différents
dépôts d'eau douce sur le *calcaire coquillier*
est facile à comprendre, et l'observation des
coupes faites dans nos environs nous le

montre tel que nous devons l'imaginer : on
les trouve plus abondants dans les lieux où
le *calcaire grossier* avait laissé des vallées,
moins épais au contraire sur les élévations ;
il dut donc naturellement en résulter une
plus grande tendance de nos terrains à présenter une surface horizontale. Cependant
les anciennes vallées du sol de craie ne furent pas entièrement comblées, surtout
quand elles étaient un peu profondes ; et le
bassin de Paris devait présenter encore des
inégalités, peu considérables à la vérité,
mais qui avaient quelque rapport avec celles
de la craie.

Il y avait pourtant déjà des ébauches de
différences qui sont devenues très sensibles
depuis ; par exemple, quand notre sol n'était
encore recouvert que par la craie, les buttes,
les collines, les plateaux de Montmartre, de
Sanois, de Montmorency n'existaient pas,
et le terrain qu'elles recouvrent faisait partie
d'une immense vallée qui régnait alors entre
le coteau de craie qui se remarque au midi,
à Montrouge, Meudon, etc., et celui qui
reparaît au nord, à Beaumont-sur-Oise.

Le calcaire d'abord, et ensuite les diverses parties de la formation d'eau douce dont il est ici question, ont élevé peu à peu le terrain à Montmartre, à Montmorency et à Bagueux, laissant dans l'intervalle une ébauche des vallées de la Seine et de Montmorency; vallées qui, peu sensibles alors, autant qu'on peut en juger par les témoins qui en restent, et qui montrent quel était l'état des lieux dans cet ancien ordre de choses.

De même que le *calcaire grossier* est la dernière formation qui indique un long séjour de l'océan sur notre pays, la formation d'eau douce dont je viens de parler est celle qui donne les preuves de l'absence la plus prolongée de la mer. Depuis elle, il paraît que les envahissements de notre pays par les eaux ont été bien plus fréquents, mais aussi en même temps bien moins durables.

La présence de la mer sur notre continent, après sa longue absence, commence à se manifester par un lit très mince, mais en même temps très constant, de petites coquilles bivalves. Ces premiers produits marins y sont bientôt remplacés par deux bancs

d'huîtres assez distincts. Le premier déposé
(l'inférieur) est composé de grandes huîtres
très épaisses, dont quelques unes ont plus
d'un décimètre (au moins 4 pouces) de longueur ; le banc supérieur, séparé de l'inférieur par une couche de marne blanchâtre,
est composé d'huîtres brunes, beaucoup
plus petites et plus minces que celles qui
forment le premier banc.

Ces deux bancs se rencontrent constamment à la même place dans les collines des
environs de Paris les plus distantes entre
elles, et MM. Cuvier et Brongniart assurent ne les avoir pas vus manquer deux
fois.

Tout prouve d'ailleurs qu'elles ont vécu
dans les lieux où on les trouve, car elles sont
collées les unes aux autres comme dans la
mer. La plupart sont entières, et ont leurs
deux valves. Une chose remarquable, parcequ'elle est en harmonie avec un grand nombre d'autres observations qui conduisent à
la même conséquence, c'est que ces huîtres
sont beaucoup plus semblables à celles qui
vivent maintenant dans nos mers que celles

de la mer précédente (celle qui avait déposé le *calcaire grossier*).

Après la formation des bancs d'huîtres,
il paraît qu'il s'est passé un certain espace de
temps pendant lequel la mer ne nourrissait
plus d'habitants, ou du moins avait perdu la
faculté de les conserver ; car on trouve ces
bancs recouverts d'une masse très considérable de sable et de grès, qui ne renferme
ni coquilles, ni corps fossiles d'aucune espèce. On ne peut pourtant s'empêcher de la
regarder comme une formation marine.

Plus tard on commence à retrouver des
coquilles plus ou moins semblables à celles
du calcaire grossier.

Ces différents dépôts, et surtout la puissante masse de sable s'étendant sur un terrain
déjà presque nivelé par les grandes formations
d'eau douce, achevèrent d'en combler les
inégalités et de le mettre entièrement de niveau. Ce qui le prouve, c'est qu'aujourd'hui,
dans tous les lieux où des causes qui ont agi
plus récemment n'ont pas enlevé cette masse
de sable avec une partie des couches inférieures, on la retrouve à la même hauteur.

13.

Nous touchons, madame, à un point assez
épineux, car on n'a fait jusqu'ici aucune
supposition admissible sur la cause qui a pu
creuser, sur cette surface ainsi nivelée, les
nombreuses et profondes vallées dont nous la
voyons aujourd'hui sillonnée.

Deux explications principales ont été successivement en honneur : l'une, proposée
par M. Deluc, consiste à admettre des affaissements longitudinaux de terrain, affaissements dont on trouverait fort bien la cause
dans l'énorme déperdition de substance
qu'ont dû faire éprouver à la masse interne
les nombreuses éruptions volcaniques dont
les produits forment une partie considérable
de l'écorce minérale. Par suite de ces pertes,
la masse interne devenant trop peu volumineuse pour l'écorce déjà solide qui l'en-
tourait, cette enveloppe a dû, dans certaines
parties, éprouver des affaissements qui ne
sont presque rien en comparaison du volume
total du globe, mais qui suffisent et au-delà
pour expliquer la formation des vallées dont
nous recherchons la cause. Si j'insiste sur
cette manière de voir, c'est que la supposi-

tion des affaissements admis par Deluc rend
très bien raison de la formation des montagnes primitives et de leurs vallées. En effet ,
les crêtes saillantes de granite , qui couron-
nent les premières , et qui font si facilement
naître l'idée d'un brisement violent; l'inclinaison des couches qui couvrent leurs flancs,
et l'identité du sol qu'on retrouve également
et sur les montagnes et dans les vallées qui
les séparent ; tout s'accorde avec cette supposition, tout la nécessite même.

Mais rien de pareil ne se présente relativement à nos vallées ; les couches des coteaux
qui les dominent ne s'inclinent point pour y
descendre , et aucune d'elles ne présente,
dans son fond, un sol semblable à celui qui
se trouve sur les hauteurs.

C'est ainsi que la plaine de Grenelle, celle
du Point-du-Jour, le fond de la Seine à Sèvres, ne présentent ni le sable des hauteurs
qui les bordent, ni le gypse, ni même le calcaire grossier que, vu sa solidité , on ne peut
supposer avoir été balayé par les eaux; mais
offrent simplement la craie recouverte de
quelques mètres de terrain d'alluvion.

Quelle cause a donc pu soulever ces couches épaisses, et souvent si dures, qui manquent dans les vallées? On a supposé que c'étaient des courants puissants dont nos rivières ne sont que les faibles restes, et qui ont entraîné dans la mer les débris qu'ils ont balayés; mais quels cours d'eau, quels torrents seraient capables d'enlever les énormes masses qu'il aurait fallu déplacer pour creuser nos vallées? et comment supposer une pareille violence à ceux dont on admet l'existence, quand on considère combien les lieux qui doivent leur avoir servi de lit ont une pente douce? La Seine coule dans la plus inclinée de ces vallées, et, dans ses plus grands débordements, elle n'a pas la force de déranger une pierre grosse comme la tête. Comment ces cours d'eau auraient-ils, dans un espace souvent assez étroit, enlevé les couches supérieures à une si grande profondeur sans endommager les terrains mous et sableux qui restent quelquefois suspendus à pic au-dessus des vallées, à des hauteurs très considérables? Comment imaginer qu'aucune partie de ces terrains brisés ne se fût précipitée dans les cours d'eau, de manière à ce que leur fond présentât au moins quelque analogie avec les plateaux qui les bordent? Mais, bien loin que les terrains d'atterrissement des vallées correspondent à la quantité de matières enlevées pour les former, on voit souvent, dans les lieux où elles s'élargissent le plus, des lacs ou amas d'eau qu'ils auraient certainement dû combler, dans la supposition dont il est question.

Toutes ces objections, absolument insolubles jusqu'ici, font rejeter pour les vallées de nos environs la dernière hypothèse, comme celle des affaissements longitudinaux; nous serons donc, jusqu'à nouvel ordre, forcés de nous borner à admettre, sans pouvoir l'expliquer, le fait de leur formation sur le sol nivelé par les derniers dépôts marins.

Que ce nivellement ait eu lieu, et que les vallées aient été creusées à une époque postérieure, par une cause qui ne nous est pas connue, c'est une chose dont il n'est pas possible de douter, et ce que prouve jusqu'à l'évidence la vue de leurs faces abruptes. Les différentes parties du sol sableux dont elles sont formées ont si peu d'adhérence entre elles, qu'il y aurait de l'absurdité à supposer qu'elles ont été déposées partiellement sur chaque sommet *.

La formation marine à laquelle appartient la masse de sable dont nous venons de parler n'est pas le dernier des produits qui recouvrent notre sol ; on trouve encore presque partout au-dessus d'elle un lit de terrain *lacustre* **, qui prouve d'une manière incontestable l'existence d'un immense lac d'eau douce, qui a formé le dépôt quelquefois très mince, souvent assez épais, qu'on remarque plus particulièrement sur les grandes hauteurs. Il existe souvent aussi dans les vallées, mais il y est recouvert par le terrain d'atterrissement. On ne le trouve point sur le sommet de Montmartre, ni sur celui de la butte d'Orgemont, soit que ces sommets n'aient pas présenté une assez large surface pour qu'il ait pu s'y former des dépôts d'eau douce après la retraite de la mer, soit qu'ils aient été enlevés postérieurement, comme

---

* Voyez note VIII.

** Formé au fond des lacs d'eau douce.

pourrait le faire supposer leur moindre élévation, car ils sont plus bas que ceux des autres collines voisines.

Si vous éprouviez, Madame, quelque difficulté à supposer l'existence d'amas d'eau douce, d'une étendue aussi considérable que celle que supposeraient les dépôts dont nous nous occupons, je vous rappellerai que l'état actuel du globe nous en présente de plus immenses encore ; et que, dans l'Amérique septentrionale, les lacs *Supérieur*, *Michigan*, *Huron*, etc., présentent dans certains sens une étendue qui égale presque en longueur celle de la France, du nord au sud. De sorte que si leurs eaux avaient la propriété de former dans leurs fonds un terrain solide, et qu'ils vinssent à s'écouler, ils laisseraient à sec des lits de formation d'eau douce beaucoup plus étendus que celui qui nous occupe. Mais ils n'ont pas cette propriété, pas plus que nos mers actuelles. Et, en général, la nature, depuis la dernière révolution qui a mis nos continents dans l'état où nous les voyons, paraît dans un état de faiblesse et de langueur qui ne permet que dans des circonstances très peu nombreuses la formation de nouvelles roches. Aussi la fossilisation des corps organisés n'est-elle plus possible; car elle consiste dans l'incorporation des parties solides de ces corps dans de nouveaux produits inorganiques, qui les conservent dans leur intérieur en décomposant les autres.

En général, rien ne recouvre la dernière formation d'eau douce dont nous venons de parler; mais, dans quelques lieux particuliers, on trouve les terrains d'alluvion à la partie la plus superficielle du sol. On désigne ainsi ceux qui ont été transportés par les eaux, soit qu'ils aient simplement été déplacés par elle, soit qu'ils aient été tenus en suspension dans le liquide de ces terrains.

Les uns ne peuvent avoir été produits par l'ordre actuel des choses, et leur formation est évidemment antérieure à la cause qui l'a déterminé. Les autres, au contraire, ont été formés par les fleuves et les amas d'eau douce qui existent encore à la surface de la terre.

Dans la première classe on doit ranger, autour de Paris, le sol de la plaine de Nanterre à Chatou, celui du bois de Boulogne, celui de la forêt de Saint-Germain, etc., que la Seine n'a jamais pu former dans ses débordements les plus considérables. Les dépôts de cailloux roulés, du fond des vallées, sont dans le même cas.

C'est dans ces terrains qu'on trouve les ossements d'éléphants, de bœufs, d'élans, etc., dont je vous ai déjà dit un mot, et dont je vous parlerai bientôt avec plus de détails. Ces débris montrent que la population de notre pays, dans ce temps-là, offrait autant de différence avec la population de nos jours, que ce sol ancien lui-même en présente avec le sol actuel.

On trouve souvent cet ancien terrain d'alluvion dans des lieux qui ont dû être autrefois des vallées, et qui aujourd'hui appartiennent à des plateaux assez élevés. Tel est le dépôt remarquable qu'on a trouvé dans la forêt de Bondy, lorsqu'on y a fait une coupe pour le passage du canal de l'Ourcq ; il renfermait des os d'éléphants et de gros troncs d'arbres.

Quant aux terrains récents d'alluvion formés par des cours d'eau moins puissants, ils

sont, en général, composés de matières plus
ténues. On les observe dans des lieux où on
conçoit fort bien qu'ils ont pu être déposés
depuis l'ordre actuel, et les débris fossiles
qu'on y trouve appartiennent à des animaux
ou des végétaux qui vivent encore dans nos
cantons, ou qu'on sait y avoir vécu. Ils renferment également des ouvrages façonnés
par la main des hommes, comme le bateau
en forme de pirogue qu'on a déterré dans
l'île des Cygnes, en creusant les fondations
du pont des Invalides.

C'est à l'existence des débris de corps organisés qui ne sont pas encore entièrement
décomposés qu'on doit attribuer les émana-
tions dangereuses qui se dégagent des derniers terrains d'alluvion quand on les remue
pour la première fois.

Je ne sais, Madame, si vous me pardon-
nerez la longueur de cette lettre, dans laquelle je n'ai eu à vous donner que les descriptions, nécessairement arides, d'une suite
de terrains; j'espère cependant que vous
m'excuserez un peu en faveur des considérations importantes qui s'y rattachent si im-

médiatement. Qui pourrait voir avec indif-
férence les traces si sensibles des révolutions
dont notre pays a été le théâtre, et les nombreuses générations qui s'y sont succédé ?
car la légère couche de vie qui fleurit à la
surface du sol, ne fleurit que sur des ruines.
Des êtres qui ont vécu dans le lieu même
que nous habitons, y foulaient tranquillement d'anciens débris laissés par la mer,
lorsque cette mer, revenant subitement,
les a engloutis sous ses eaux. Placés dans
les mêmes circonstances, n'avons-nous pas
à redouter le même sort ? Pauvres petits
hommes, nés d'hier, qui osez vous dire les
maîtres de la terre, vous ne devriez marcher qu'en tremblant sur ce globe toujours
prêt à vous engloutir. D'où peut venir votre
sécurité ? Est-ce de l'histoire de quelques générations d'êtres de votre espèce, qui s'y sont
maintenues, au milieu de mille désastres,
pendant cinquante ou soixante siècles? ou
bien, vous fiez-vous aux faibles digues dans
lesquelles vous enfermez avec tant de peine
les petits courants d'eau que vous appelez de
grands fleuves, à ces petits amas de terre

au moyen desquels vous retenez un instant
quelques pieds de la mer au-dessus d'un
point de votre sol? Comment ne craignez-
vous pas qu'au milieu de votre orgueil une
légère secousse ne rende à l'océan cette
portion de la terre qu'il vous a naguère
abandonnée, et qu'une partie de ses eaux
n'engloutisse demain pour jamais vos grandes
cités, vos puissants monarques, leurs vastes
états, et jusqu'au souvenir des monuments
dont votre petitesse ose se montrer si fière?

LETTRE IX.

Dans la lettre précédente, en vous exposant le résultat des recherches faites par les observateurs les plus distingués sur les terrains de nos environs, j'ai eu pour but de vous donner une idée de la manière dont on doit concevoir que les différentes formations se succèdent dans toutes les parties du sol de transport et de sédiment ; car il existe entre la superposition des roches sur toute la surface du globe des rapports qu'il est impossible de méconnaître.

Le sujet dont je me propose de vous entretenir dans cette lettre et les suivantes sera, j'espère, de nature à vous dédommager un peu de ce que la précédente pouvait avoir d'aride. Je veux vous parler des débris précieux d'animaux qu'on dirait que la nature aurait pris soin de conserver à dessein dans les entrailles de la terre, comme pour nous avertir des désastres dont nous pouvons nous-mêmes devenir d'un moment à l'autre les victimes.

Les recherches nouvelles dont je vais vous rendre compte ne seront plus bornées à un lieu particulier, mais elles sont le résultat des observations faites dans tous les pays. Il est d'autant plus nécessaire, dans ce cas, d'embrasser la généralité des faits, que la ressemblance ou la différence que peuvent présenter les espèces trouvées dans les divers climats conduisent aux résultats les plus curieux.

Je suivrai, en vous parlant des animaux fossiles, un ordre directement contraire à celui que j'ai adopté relativement aux couches, c'est-à-dire que, commençant par les animaux qui se trouvent dans les plus superficielles, je passerai ensuite aux plus anciennes, et vous ne manquerez pas sans doute de remarquer que, si les restes fossiles qu'on rencontre dans les couches les plus superficielles appartiennent tous, ou à des espèces actuellement vivantes, comme l'*éléphant,* le *rhinocéros*, *l'hippopotame*, ou à des animaux tout-à-fait voisins de ces espèces, comme les différents *mastodontes*, ceux qui gisent dans des couches plus profondes, et dont l'existence a dû être séparée de la nôtre par plus d'un cataclysme, ne forment guère, en général, que des genres entièrement différents des genres vivants.

Les animaux fossiles sont des êtres d'une création ancienne dont il ne nous reste de souvenir que par des impressions osseuses conservées par le temps. Leurs parties molles ont été, à quelques exceptions très rares près, remplacées par les molécules des roches dans lesquelles on les rencontre.

On a substitué l'expression d'animaux fossiles à celle d'animaux pétrifiés, pour distinguer l'action à laquelle ils ont été soumis de celle qui s'exerce tous les jours, même en assez peu de temps, sur des substances qui, plongées dans certaines eaux courantes, s'incrustent de molécules pierreuses, ce qui constitue la pétrification proprement dite. La fossilisation est toute autre chose, et elle en diffère si bien, qu'il est reconnu, comme j'ai

déjà eu l'honneur de vous le dire, qu'il n'y
a plus dans la nature actuelle de condition
pour la fossilisation, de sorte que si une des
grandes révolutions auxquelles le globe a été
si souvent soumis détruisait tout-à-coup les
races actuelles, et qu'après quelques milliers
de siècles une nouvelle race d'hommes vînt
habiter de nouveau nos climats, ces hommes
ne pourraient avoir sur notre existence éphé-
mère les renseignements que nous avons obtenus sur les animaux que les dernières révolutions y ont détruits.

LETTRE X.

De tout temps on a trouvé des ossements d'éléphants fossiles, mais ces ossements jusqu'ici avaient presque toujours été méconnus, et c'est à leurs découvertes qu'on doit les histoires fabuleuses de la mise à nu des cadavres d'anciens géants : car, dans un temps où l'anatomie avait fait si peu de progrès, l'amour du merveilleux pouvait d'autant mieux s'emparer de pareils événements pour accréditer des idées qui frappent l'imagination, que l'éléphant est (aux dimensions près) un des animaux dont le squelette présente le plus de ressemblance avec celui de l'homme. On ferait un volume entier des histoires d'ossements fossiles de grands quadrupèdes que l'ignorance ou la fraude ont fait passer pour des débris de géants humains. La plus célèbre de toutes est celle du squelette que, sous Louis XIII, on a voulu faire

passer pour celui de Tentobochus, roi des
Cimbres, celui qui combattit contre Marius.
Voici ce qui donna lieu à ce conte :

Le 11 janvier 1613, on trouva dans une sablonnière près du château de Chaumon, entre les villes de Montricoux, Serres, et Saint-Antoine, des ossements dont plusieurs furent brisés par les ouvriers : un chirurgien de Beaurepaire, nommé Mazurier, averti de cette découverte, s'empara des os, et songea à en faire son profit; il publia les avoir trouvés dans un sépulcre long de trente pieds, sur lequel était écrit *Tentobochus rex*; il ajoutait avoir trouvé en même temps une cinquantaine de médailles à l'effigie de Marius. Il inséra tous ces contes dans une brochure au moyen de laquelle la curiosité du public étant excitée, il parvint à montrer pour de l'argent, tant à Paris que dans d'autres villes, les os du prétendu géant. Gassendi cite un jésuite de Tournon comme l'auteur de la brochure, et montre que les prétendues médailles antiques étaient controuvées; quant aux os, c'étaient des os d'éléphant.

Des observations semblables, qui deviennent plus précises à mesure qu'elles sont plus récentes, nous conduisent jusqu'au dix-huitième siècle. A cette époque, le progrès des sciences naturelles ne permettant plus des méprises aussi grossières, on reconnut les ossements d'éléphants pour ce qu'ils étaient; mais on se persuada qu'ils avaient été ensevelis sous le sol dans le temps des Romains.

Ce qui devait confirmer dans cette opinion, c'est que les endroits où on en a trouvé le plus anciennement dans notre pays sont situés aux environs du Rhône, et par conséquent dans les lieux où Annibal, qu'on sait en avoir amené dans son expédition contre les Romains, et Domitius Ænobarbus qui en conduisit plus tard dans les Gaules contre les Allobroges, auraient pu y laisser leurs cadavres.

Nulle part, en Europe, on n'a trouvé autant d'os fossiles d'éléphants que dans le val d'Arno supérieur; ils y sont si communs, que les paysans les employaient autrefois pêle-mêle avec les pierres pour la construction de leurs maisons; depuis qu'ils en connaissent le prix, ils les mettent en réserve pour

les vendre aux voyageurs. C'est ainsi que
M. Cuvier acheta à *Incisa* un atlas de grande
dimension qu'on vint lui offrir pendant qu'il
relayait à la poste. Ce célèbre naturaliste
raconte avoir vu dans le pays une si grande
quantité d'os fossiles d'éléphants, tous rassemblés dans les environs de *Figline*, qu'on
en avait rempli deux chambres. Ce nombre
prodigieux réfute parfaitement l'opinion de
ceux qui voudraient prétendre qu'ils ne sont
que des traces du passage de l'armée d'Annibal dans ce pays. L'histoire, il est vrai, nous
apprend que ce grand général, après avoir
gagné la bataille de Trébie, franchit les
Apennins pour aller gagner sur Flaminius
celle de Trasymène; mais Tite-Live et Polybe
s'accordent à dire qu'étant entré en Italie
avec trente-deux éléphants, il n'en avait plus
que huit après la bataille de Trébie; qu'il
perdit sept de ces animaux dans la tentative
inutile qu'il fit pour passer les Apennins pendant l'hiver, et qu'au printemps, lorsqu'il
réussit enfin dans sa pénible entreprise, et
qu'il arriva dans le val d'Arno supérieur, il
n'en avait plus qu'un seul.

Toutes les conjectures semblables qu'on pourrait être tenté de faire pour donner à ces os une origine qui ne remonterait pas au-delà des temps historiques sont aussi peu fondées que celle-ci. Vous allez voir, d'ailleurs, combien il serait ridicule de vouloir expliquer par une cause unique, quelle qu'elle soit, un phénomène aussi général que l'existence de ces ossements. On en trouve, en effet, dans toute l'Europe, en Angleterre, en Allemagne, où ils ont été plus fréquemment et mieux observés que partout ailleurs, quoique les Romains n'aient jamais pu en conduire dans le nord de cette contrée. On en a découvert beaucoup dans les parties les plus septentrionales de l'Irlande, dans la Scandinavie, en Norwége, et jusque dans l'Islande. On en rencontre aussi dans la Pologne, dans la Russie ; et c'est dans ce vaste pays, si peu propre maintenant à favoriser la propagation des éléphants, qu'on trouve leurs débris en plus grand nombre. Et quelles sont, Madame, les provinces de la Russie où vous pensez qu'on les trouve en plus grande quantité ? Les parties les plus glacées de la Sibérie. Mais, quelque communs qu'ils soient dans ces rudes climats, ils le sont peut-être encore davantage dans quelques îles de la mer Glaciale, au nord de la Sibérie, qui, à l'exception de quelques montagnes de rochers, ne sont guère qu'un mélange de sable et de glace rempli d'ossements fossiles.

Le capitaine russe Kotzebue en a trouvé sur la côte d'Amérique, au-delà du cercle polaire; ils y sont si communs, que les matelots de son expédition en brûlèrent plusieurs morceaux à leurs feux. M. Adalbert de Chamisso, naturaliste, qui accompagnait M. Kotzebue, a apporté en Europe une défense longue de 4 pieds, sur 5 pouces de large, dans son plus grand diamètre, et que M. Cuvier a trouvé ressembler beaucoup à celles qu'on a déterrées près de Paris, en creusant le canal de l'Ourcq.

Les habitants de la Sibérie sont si habitués à rencontrer sous terre de ces monstrueux débris, qu'ils ont imaginé, pour expliquer comment ils ont pu y être déposés, une fable qui ne vous étonnera pas de leur part. Ils croient qu'il existe dans leur pays un animal de la grosseur de l'éléphant, et portant comme lui des défenses, mais vivant à la manière des taupes, sans pouvoir jamais supporter impunément la lumière du jour. Ils le désignent sous le nom de *mammouth*, et appellent les défenses fossiles, *cornes de mammouth*.

La température glacée de ces climats les a si bien conservées, qu'on les emploie pour le même usage que l'ivoire frais, et qu'elles sont un article de commerce très important pour le pays. Avouez, Madame, que c'est là un singulier dédommagement accordé par la nature aux habitants de cette triste contrée.

Une chose remarquable, c'est qu'on trouve la même fable chez les Chinois, qui appellent *tien-schu-ia* le prétendu animal souterrain. Il en est question dans plusieurs traités d'histoire naturelle du pays ; et même dans l'un d'eux, où on fait remarquer qu'on ne les rencontre que dans les régions les plus glacées, on prétend que sa chair est d'une nature fort saine, ce qui tendrait à faire croire que le phénomène si curieux de la conservation des chairs serait assez commun dans les pays froids.

On découvre ordinairement les os fossiles réunis à ceux de plusieurs animaux sauvages, grands et petits. Rarement pourtant on trouve dans un même lieu un squelette entier; ils sont quelquefois placés sous des couches déposées par les eaux douces. D'autres fois aussi, ce sont des débris de corps marins qui les recouvrent, et qui restent là comme pour attester le genre de catastrophe qui a changé la face du pays dans lequel ils vivent.

Je n'ai pas besoin, Madame, de vous faire remarquer combien cette dernière circonstance, le nombre prodigieux de ces dépouilles, leur mélange avec les débris d'animaux sauvages, et la dispersion des os appartenants au même individu, éloignent toute idée de dépôts faits par la main des hommes, et nous conduisent invinciblement à l'admission des révolutions dont nous voyons partout des preuves si évidentes.

C'est ici le lieu de vous rappeler l'éléphant

de M. Adams, pour lequel je vous renvoie à l'histoire que je vous en ai donnée dans une de mes lettres précédentes.

On trouve aussi des os d'éléphants en Amérique, continent où il n'y en a jamais eu de vivants depuis que les Européens le connaissent, et où ces animaux n'ont certainement pu être détruits par les peuplades faibles et peu nombreuses qui l'habitaient avant sa découverte : nouvelles preuves sans réplique de l'antiquité antédiluvienne de ces débris.

Une circonstance digne de remarque, c'est que, tandis que les os fossiles d'éléphants sont si communs à des latitudes qu'aucun de ces animaux ne pourrait supporter, on n'en trouve aucun dans les pays où cet animal vit maintenant. Pour expliquer cette singularité, il ne faut pas perdre de vue, 1° que l'état actuel de choses ne permet plus la fossilisation ; 2° que la température des régions les plus glaciales a dû changer subitement, probablement lors de la grande révolution qui a fait périr tous ces animaux ; 3° enfin, que l'éléphant fossile ayant été pourvu par la nature de la fourrure des pays froids , on peut être sûr qu'il était capable de supporter une température bien inférieure à celle des régions de l'Asie et de l'Afrique , où vivent aujourd'hui des éléphants que la nature a presque entièrement dépourvus de poils.

Permettez-moi , Madame , de revenir sur chaque circonstance de l'histoire des os fossiles d'éléphants, pour y chercher des inductions sur tout ce qui peut se rattacher à leur existence passée.

La position superficielle de ces ossements, leur gisement dans des terrains meubles et d'alluvion , qui paraissent avoir formé le fond d'anciennes vallées ; tout annonce que les animaux auxquels ils ont appartenu ont été, dans tous les pays qu'ils ont habités, victimes de l'une des dernières révolutions qui ont contribué à changer la surface de leur sol.

Mais ces éléphants, dont on rencontre les débris dans l'Europe, dans tout le nord de l'Asie, et jusque dans les régions les plus glacées, ont-ils vécu jadis dans ces pays ? ou bien leurs ossements y ont-ils été transportés par les eaux qui les auraient détruits dans d'autres? Tout prouve qu'ils ont vécu dans les lieux mêmes où on les trouve ; car, outre que la diversité de nature des couches qui recouvrent leurs ossements atteste celle des révolutions dont ils ont été victimes (et exclut par conséquent l'idée d'une seule grande irruption qui eût pu les disperser), s'ils avaient été transportés par les eaux, ils seraient, comme tous les corps qui ont subi ce transport, usés par le frottement, au moins autant que les cailloux roulés, qu'on reconnaît si facilement pour avoir été arrondis par l'action des vagues ; mais ils sont, au contraire, si bien conservés, qu'on trouve des ossements de jeunes animaux qui présentent encore les éminences cartilagineuses les plus déliées et les plus fragiles. Et si on voulait supposer que les squelettes ayant été transportés entiers , chaque os en particulier a pu rester intact, on tomberait dans une difficulté insoluble ; car on ne pourrait expliquer pourquoi on ne trouve pas les os de chaque squelette enfouis dans un même lieu , et comment il se

fait que les tas qu'on rencontre offrent rassemblés des débris d'animaux appartenants
à des espèces et même à des races très différentes, sans que jamais aucun d'eux ait fourni
à beaucoup près de quoi recomposer le squelette complet d'aucune espèce particulière.

Les éléphants dont nous parlons ont donc
vécu dans les pays aujourd'hui les plus glacés
du globe, et jusque dans les régions inhabitables du cercle polaire. Mais ces régions
étaient-elles alors ce qu'elles sont maintenant ? On ne peut pas le supposer, puisque
les contrées dont il s'agit ne fournissant aucun végétal propre à leur nourriture, ils
n'auraient pu s'y maintenir. Les voyageurs
nous apprennent en effet que, dès le 68e degré de latitude septentrionale, le bouleau et
le frêne disparaissent; le grand sapin lui-
même et le mélèze, arbres dont le nord est
la patrie, rampent sous forme d'arbrisseaux
sur un sol qui dégèle à peine en été. Cranz
assure que, dans tout le Groënland, on ne
trouve pas un seul arbre qui ait plus de six
pieds de haut; et quant aux animaux qui

vivent sous cette latitude, tous périssent ou
dégénèrent au point que leurs espèces deviennent méconnaissables. L'ours blanc, le
renne, et le renard blanc, destinés par la nature à vivre dans ces climats, et pourvus par
elle des plus épaisses fourrures, les supportent avec beaucoup de peine. Au-delà, on ne
trouve plus guère que de la glace ; mais jusque sous le cercle polaire et au-delà on
trouve des ossements d'éléphants, qui certainement n'auraient pas pu y vivre si la
température y avait été alors ce qu'elle y est
aujourd'hui. D'ailleurs les animaux de même
espèce se trouvent en Allemagne, en France,
et jusqu'en Italie ; de sorte qu'il faudrait supposer aux éléphants de ce temps une singulière faculté de s'accommoder à toute sorte
de climats. Il n'y a guère maintenant sur le
globe que l'homme, et quelques unes des
espèces qui lui sont le plus utiles (le chien
par exemple), qui aient été doués par la
nature de cette heureuse flexibilité de tem-
pérament ; aussi son espèce est-elle la seule
qu'on trouve répandue depuis les régions les

plus brûlantes de la zone torride jusque sous le cercle polaire *.

Mais quant aux animaux qui présentent le plus de ressemblance avec ceux qu'on trouve à l'état fossile, les éléphants, les rhinocéros, et les hippopotames d'aujourd'hui, la nature leur a assigné une étendue de pays assez limitée, au-delà de laquelle ils ne peuvent plus se propager.

Les pays où règne une glace éternelle n'ont donc pas été autrefois soumis à une température aussi rigoureuse, et les révolutions qui l'ont changée ont sans doute causé dans beaucoup de lieux la destruction subite des races qui y vivaient.

Il est encore une opinion contre laquelle je crois devoir vous prémunir. On pourrait être tenté de supposer qu'un abaissement lent et graduel de température aurait forcé les éléphants à se réfugier peu à peu vers des régions plus chaudes; et qu'abandonnant ainsi les climats qui se refroidissaient, ils se se-

---

* Néogsack, etablissement danois, est situé sous le 72ᵉ degré de latitude septentrionale, et les Groënlandais remontent encore plus haut.

raient à la fin tous accumulés dans les lieux où on les rencontre maintenant.

Dans cette hypothèse, adoptée par Buffon, les animaux dont on retrouve les débris auraient été les derniers restés dans leur demeure primitive, et le changement progressif de température aurait à la longue déterminé le changement dans leur fourrure, comme nous voyons la peau du chien, entièrement nue dans les pays chauds, se couvrir d'un poil épais et abondant dans le nord.

Une première raison qui s'oppose à ce qu'on puisse admettre que les choses se soient passées ainsi consiste dans les différences très sensibles qui existent entre le squelette de l'espèce d'éléphants fossiles et les deux espèces actuellement vivantes ; différences beaucoup plus caractérisées qu'aucune de celles que peut produire la variété de climat. Une seconde se trouve dans la destruction de plusieurs genres d'animaux évidemment contemporains des éléphants, dont on trouve les débris ensevelis avec les leurs, et qui ont certainement été détruits par les révolutions dont il reste des traces incontestables. Pourquoi les éléphants auraient-ils seuls échappé aux désastres capables de détruire entièrement les espèces du même genre qu'eux? Voilà encore une difficulté insoluble dans ce système, et qu'on doit ajouter à celle qui naît de la différence sensible qui existe entre les espèces éteintes et les espèces vivantes.

D'ailleurs, les révolutions dont les animaux de cette époque ont été victimes sont arrivées subitement. Je n'ai pas besoin de répéter ici que si le cadavre de l'éléphant de M. Adams, et ceux qu'on a trouvés, comme lui, recouverts de leur peau, n'avaient pas été subitement saisis par la température glacée qui règne dans les lieux où on les a découverts, les chairs n'auraient pas pu être conservées comme elles l'ont été.

Au surplus, il a existé aussi des éléphants en Amérique, où on trouve leurs débris en grand nombre. Pourquoi, si le changement de température avait été assez lent pour leur permettre de se retirer dans des pays plus chauds, ceux de ce grand continent n'y auraient-ils pas échappé comme les nôtres? Pourquoi ne se seraient-ils pas réfugiés dans l'Amérique méridionale, où le Mexique et les pays voisins leur offraient une température certainement aussi chaude qu'ils pouvaient la supporter, et des lieux assez élevés pour se soustraire aux inondations marines dont plusieurs ont dû être les victimes ?

Ajoutons enfin, pour dernière raison, qu'on ne pourrait, dans cette supposition, expliquer comment les éléphants auraient pu être détruits dans les pays tempérés de l'Europe, et particulièrement dans l'Italie, quand tout prouve qu'ils étaient conformés pour vivre dans des régions beaucoup plus froides.

Concluons de tout ce que nous venons de dire, 1° que les éléphants auxquels appartenaient les ossements qu'on retrouve de nos jours à l'état fossile ont vécu jadis dans les lieux où gisent maintenant leurs débris ; 2° que les éléphants actuels ne sont pas leurs descendants ; 3° enfin, que tout ce qu'on pourrait dire pour expliquer leur destruction par un refroidissement lent et graduel de la température, ou par un empiètement progressif de l'océan sur les continents, est entièrement inadmissible.

Une circonstance assez remarquable consiste dans l'existence de coquilles marines qui sont collées ou plutôt incrustées dans quelques os d'éléphants fossiles; ce qui tend à faire croire que ces os étaient déjà dénudés quand la mer est venue recouvrir le pays qu'ils habitaient. On ne doit pas s'en étonner, car les ossements d'éléphants morts naturellement depuis plusieurs années devaient, après que leur cadavre avait été dévoré par les animaux carnassiers d'alors, rester épars sur le sol, comme peuvent l'être dans notre pays ceux des chevaux et des autres quadrupèdes qu'on néglige d'enfouir dans la terre.

Comme il existe encore maintenant deux espèces d'éléphants connues depuis les temps historiques, l'éléphant des Indes et l'éléphant d'Afrique, peut-être, Madame, seriez-vous curieuse de savoir avec laquelle de ces deux espèces l'éléphant fossile présente le plus de ressemblance. Il paraît qu'il se rapprochait beaucoup plus de l'espèce d'Asie que de celle d'Afrique; il avait en effet, comme la première, le crâne plus alongé, le front plus concave : ces deux caractères étaient même bien plus prononcés chez lui que chez l'éléphant d'Asie. Sa tête différait encore de celle des deux espèces vivantes, par la forme de sa mâchoire inférieure, plus obtuse; par la grandeur des mâchelières, sur lesquelles on distingue des rubans plus longs et plus étroits; mais surtout par l'énorme développement des alvéoles dans lesquelles les défenses prenaient naissance. Quant au reste du corps, il paraît qu'il était un peu plus volumineux que celui des Indes ; mais il devait avoir des formes en général plus trapues.

Figurez-vous donc, Madame, cet animal, non point avec la peau presque nue de nos éléphants d'aujourd'hui, mais abrité contre le froid des pays dans lesquels il vivait par une double fourrure de laine et de crins. Ses crins s'alongeaient sur le cou et sur l'épine du dos de manière à former une espèce de crinière ; ses défenses, d'un très bel ivoire, un peu plus longues que celles des éléphants actuels, se courbaient en spirale, et se dirigeaient légèrement en dehors ; enfin, les grandes dimensions des alvéoles de ses défenses donnaient à sa physionomie un as-

pect qui la faisait notablement différer de
celle des éléphants de nos jours, et devaient
avoir une influence sensible sur l'organisation de sa trompe.

Comme vous le voyez, Madame, cet anti-
que éléphant différait plus de l'espèce même
des Indes, que le cheval ne diffère de l'âne
ou du zèbre, ou le chien du renard. Par conséquent, on ne peut pas plus admettre que
l'une vienne de l'autre, qu'on ne pourrait
supposer que des chevaux finiraient à la
longue par produire des ânes, ou des chiens
des renards.

M. Deluc, dans un mémoire fort intéressant, a donné des raisons très plausibles
pour faire admettre que les éléphants n'ont
pas habité simultanément toute l'Europe et
le nord de l'Asie. Il pense que ces contrées
étaient partagées en îles sujettes à des révolutions qui les faisaient passer sous les
eaux de la mer pendant un temps plus ou
moins long. Il fait remarquer que les os
qu'on trouve épars doivent être ceux des
animaux morts naturellement dans ces îles,
et que ceux qu'on trouve rassemblés en

grande quantité ont appartenu aux animaux que l'inondation subite a refoulés dans les lieux où ils cherchaient en commun un refuge; quelquefois aussi la mer, en faisant rouler les os qu'elle a trouvés épars, les a enfouis ensemble dans les lieux les plus bas.

Si je me suis beaucoup étendu sur tout ce qui a rapport aux éléphants fossiles, ne craignez pas, Madame, que j'entre dans des détails aussi minutieux sur chacune des espèces contemporaines dont il nous reste des débris. Les considérations générales dans lesquelles je suis entré sur leur gisement, sur le temps où ils ont pu vivre, sur le climat auquel ils ont dû être exposés, et enfin sur le genre de révolution qui a pu les détruire, sont applicables à presque toutes les autres espèces contemporaines, sur lesquelles, par conséquent, je serai beaucoup plus court.

LETTRE XI.

Un animal, aujourd'hui perdu, contemporain de l'éléphant fossile, et qui a dû avoir avec lui la plus grande ressemblance, est celui qu'on a connu long-temps en France sous le nom d'animal de l'Ohio, et auquel M. Cuvier a donné celui de *grand mastodonte*. Ses ossements se trouvent, comme ceux de l'éléphant, dans les deux continents, mais beaucoup plus fréquemment dans l'Amérique septentrionale que partout ailleurs. Ils sont même si rares dans notre ancien monde, que M. Cuvier a long-temps douté qu'on les y rencontrât réellement.

Le grand mastodonte vivait avec l'éléphant, puisqu'on trouve presque toujours ses ossements mêlés avec ceux de ce dernier animal. Il avait sa taille et sa forme générale, à quelques légères différences près : son corps, par exemple, devait être plus alongé, et ses membres, au contraire, un peu plus épais : du reste, il avait des défenses comme lui, et très probablement une trompe semblable à la sienne.

Le mastodonte était cependant très sensiblement distinct de l'éléphant par la forme de ses mâchelières, qui forment le caractère le plus distinctif de son organisation. Elles sont, en effet, plus ou moins approchantes de la forme rectangulaire, et présentent, sur la surface de leur couronne, de grosses tubérosités à pointes arrondies, disposées par paire, au nombre de huit ou dix, suivant les espèces. Cette forme est si distincte et si reconnaissable, qu'il n'est personne qui puisse s'y tromper quand il en a vu une seule fois, soit quand les tubérosités sont encore intactes, soit lorsque leur pointe arrondie a été usée par suite de la mastication. Ces dents ne ressemblent en aucune manière à celles des carnassiers, et, parmi les herbivores, l'hippopotame serait celui de tous les animaux connus dont les dents présenteraient avec elles le plus de ressemblance.

Buffon, qui avança le premier, dans ses
Epoques de la nature, que les dents du mastodonte se trouvaient dans l'ancien continent (on n'en avait jusqu'à lui rencontré
que dans l'Amérique septentrionale), fut
induit en erreur sur le volume que devait
avoir l'animal auquel elles avaient appartenu. Voyant que ces dents avaient une forme
carrée et point du tout alongée suivant la
largeur de la mâchoire, il se persuada
qu'elles devaient être nombreuses. « Quand
on n'y en supposerait que six, ou même
quatre, de chaque côté (dit-il), on peut
juger de l'immensité d'une tête qui aurait
au moins seize dents mâchelières, pesant
chacune dix ou douze livres. » Car la dent
qu'il possédait, et qu'on conserve au Muséum, pesait en effet onze livres quatre on-
ces : c'est une des plus grosses qu'on ait
vues.

Mais ce n'est pas le poids peu ordinaire
de cette dent qui l'a induit en erreur, c'est
le nombre considérable qu'il en supposait.
Il estimait que la mâchoire de l'animal adulte
pouvait en contenir jusqu'à seize, tandis

qu'il ne paraît pas qu'il puisse y en avoir jamais plus de deux à la fois de chaque côté en exercice. On trouve bien dans les mâchoires des jeunes animaux le germe des seize dents que leur supposait Buffon ; mais il arrive à ces dents ce qui a lieu pour celles de l'éléphant : elles ne poussent que successivement ; quand celle de derrière est prête à percer la gencive, celle de devant est usée et prête à tomber. Elles se remplacent ainsi l'une l'autre, et à la fin même il arrive, comme dans l'éléphant, qu'il n'y en a plus qu'une ; de sorte que le nombre effectif des mâchelières est de huit dans la jeunesse, et de quatre seulement à la fin de la vie : aussi la taille de l'animal qui, suivant les idées de Buffon, aurait dû être six ou huit fois plus volumineux que l'éléphant ne surpasse-t-elle pas celle que pouvait atteindre l'éléphant fossile.

Ceci, Madame, n'est pas fondé sur de simples conjectures : il existe deux squelettes entiers de mastodontes, qui sont dus au zèle d'un naturaliste américain (M. Peale), qui, à force de soins et de persévérance,

parvint à les compléter, après trois mois de
recherches faites sur les lieux où il avait
appris qu'on venait de découvrir quelques
uns de leurs os.

Ce fut vers le milieu du siècle dernier
qu'on eut en France les premières notions
sur l'existence des os fossiles de mastodontes.
Un officier français, naviguant dans l'Ohio
pour se rendre dans le Mississipi, trouva sur
les bords d'un marais un tas d'ossements
qui lui parurent curieux ; il en prit une partie pour les présenter à l'examen des naturalistes, et il apporta à Paris un fémur, une
extrémité de défense et trois mâchelières
qu'il regardait comme ayant appartenu à un
animal inconnu.

Daubenton, qui les examina, déclara que
le fémur et la défense appartenaient à un
éléphant, mais que les mâchelières étaient
celles d'un hippopotame : « car on ne peut
guère soupçonner (ajoute - t - il) que ces
dents aient été tirées de la même tête avec
la défense, ou qu'elles aient fait partie d'un
même squelette avec le fémur dont il s'agit
ici ; en le supposant, il faudrait aussi sup-

poser un animal inconnu qui aurait des défenses semblables à celles de l'éléphant, et
des dents molaires semblables à celles de
l'hippopotame. »

L'existence de cet animal, que Daubenton
ne voulait pas d'abord reconnaître, fut bientôt après admise par Buffon, puis par Daubenton lui-même, qui ne tarda pas à changer
d'avis, et par tous les naturalistes du temps.
Le mastodonte est même le premier animal
qui ait convaincu les naturalistes qu'il pouvait y avoir eu autrefois des espèces détruites
aujourd'hui.

A cause du lieu dans lequel avaient été
trouvés les débris qui fixèrent pour la première fois sur lui l'attention des naturalistes,
il lui fut donné le nom d'animal de l'Ohio,
d'éléphant, et de mammouth de l'Ohio.

Tous ces noms, sous lesquels on avait désigné jusqu'ici le mastodonte, sont impropres,
comme on peut le voir.

Celui d'éléphant de l'Ohio ne convient pas,
puisque ce n'est pas un éléphant.

Celui de mammouth ne convient pas davantage, puisque mammouth est le nom sous

lequel les Russes ont désigné l'éléphant fossile de leur pays.

Celui d'éléphant carnivore, qu'on lui
donne quelquefois, est le plus mauvais de
tous, puisqu'il consacre deux erreurs, l'animal n'étant ni éléphant ni carnivore.

Enfin, celui d'animal de l'Ohio, qu'on aurait pu lui laisser, n'était pourtant pas très
convenable, puisqu'on ne le trouve pas seulement sur les bords de ce fleuve et dans
toute l'Amérique septentrionale, mais encore
dans plusieurs lieux de l'ancien continent.

Celui de mastodonte, que M. Cuvier a substitué à tous ceux-là, dérive de deux mots
grecs qui expriment le caractère principal
auquel on peut reconnaître l'animal, la
forme mamelonnée de ses dents.

Comme vous pouvez bien le penser, Madame, les habitants de l'Amérique septentrionale n'ont pas plus manqué de rattacher
aux mastodontes fossiles qu'ils trouvent dans
leur pays des idées superstitieuses, que les
Russes de la Sibérie aux éléphants fossiles
du leur. Aussi quelques sauvages disent-ils
que ces grands animaux ont existé autre-

fois avec des hommes d'une taille proportionnée, et que le grand Être foudroya les
uns et les autres.

Ceux de Virginie croient qu'une troupe
de ces terribles quadrupèdes détruisant les
autres animaux créés pour l'usage des Indiens, Dieu les avait foudroyés tous, « excepté le plus gros mâle, qui, présentant sa
tête aux foudres, les secouait à mesure
qu'ils tombaient ; mais qui, ayant à la fin été
blessé par le côté, se mit à fuir vers les
grands lacs, où il se tient caché jusqu'à ce
jour. »

Ainsi, Madame, les sauvages de l'Amérique paraissent être tombés, relativement
au volume des mastodontes, dans la même
erreur que notre Buffon ; mais ils n'auront
pas sans doute fait autant de raisonnements
pour y arriver. Un avantage des ignorants
sur les savants est peut-être de se tromper
à moins de frais.

La forme des dents du mastodonte, qui se
rapprochent plus de celles de l'hippopotame
que d'aucun autre animal, doit nous porter
à croire que, comme ce dernier, le masto-

donte choisissait de préférence les racines et
les autres parties charnues des végétaux ; et
cette sorte de nourriture devait sans doute
l'attirer sur les terrains mous et marécageux,
sur le bord des fleuves. Mais, néanmoins, il
ne devait pas plus que l'hippopotame vivre
réellement dans les eaux, car il n'était pas
fait pour nager, et c'était un véritable animal terrestre.

L'espèce de mastodonte dont je viens de
vous parler, et qu'on désigne sous le nom
de grand mastodonte, n'est pas la seule connue jusqu'ici : il en a existé une autre bien
caractérisée, celle des *mastodontes à dents
étroites,* dont on trouve des débris particulièrement dans l'Amérique méridionale, et no-
tamment près de Santa-Fé de Bogota. Le
lieu que dans le pays on appelle le *Camp des
géants* est un endroit où on en trouve beaucoup, et où ils ont sans doute donné lieu à
des traditions populaires d'où il a pris son
nom. Cette espèce se trouve plus souvent encore que celle du grand mastodonte ensevelie sous des débris marins.

Les ossements du mastodonte à dents

étroites sont bien plus rares que ceux du grand mastodonte ; il n'existe à Paris aucun des grands os de son squelette, excepté un tibia rapporté du camp des géants par M. de Humboldt, et fort mutilé à tous ses angles : d'après ce seul os, il paraîtrait que les mastodontes à dents étroites étaient plus bas sur jambes que les grands mastodontes.

Plusieurs dents, plus petites que toutes les autres, et dont deux, qui ont été trouvées en Europe, doivent cependant avoir appartenu à des individus du genre des mastodontes, font présumer à M. Cuvier qu'on pourrait aux deux espèces précédentes en ajouter quatre autres, qu'il propose d'appeler *mastodonte des Cordilières*, *mastodonte humboldien*, *petit mastodonte*, *mastodonte tapiroïde*; ces derniers appartiendraient à l'espèce dont les débris se trouvent en Europe.

On a déterré depuis peu, en Toscane, le squelette presque entier d'un mastodonte à dents étroites.

LETTRE XII.

La difficulté de se procurer un squelette complet de l'espèce vivante de l'hippopotame a long-temps retardé l'étude de l'espèce fossile. Ce n'est qu'après plusieurs années de recherches que M. Cuvier, étant parvenu à s'en procurer un pour notre Muséum d'histoire naturelle, a pu compléter, d'une manière satisfaisante, l'étude de cet animal.

L'hippopotame fossile se trouve en grande quantité dans le Val d'Arno supérieur, où ses ossements y sont plus nombreux que ceux de rhinocéros, et presque autant que ceux d'éléphants ; ils sont d'ailleurs rassemblés dans les mêmes lieux avec ceux de ces deux espèces, situés, par conséquent, dans les collines sableuses qui ceignent la vallée.

L'une des espèces d'hippopotame fossile paraît avoir été à peu près de la grosseur de l'espèce qui vit actuellement en Égypte, cependant un peu plus volumineuse; elle devait avoir le cou plus court, mais présenter d'ailleurs, quant à la forme, peu de différence avec cette dernière.

En exécutant les travaux nécessaires à la construction du pont d'Iéna, on a trouvé, dans la plaine de Grenelle, une portion de défense d'hippopotame très reconnaissable.

Outre cette espèce, il en a existé une autre qui n'était pas plus grande que notre cochon, et dont on possède assez d'os au Muséum pour être assuré de sa forme, de sa taille et de son âge.

Une portion de mâchoire, conservée aussi dans notre Muséum avec plusieurs dents, fait présumer qu'il doit y avoir eu une espèce intermédiaire, cependant plus rapprochée, par la taille, de la petite que de la grande.

Enfin, quelques dents fossiles, trouvées avec des dents de crocodiles, à vingt pieds dans un banc calcaire près de Blaye, département de la Charente, indiquent une autre espèce voisine de l'hippopotame, et plus petite que le cochon.

Les *rhinocéros* ont dû être beaucoup plus nombreux dans l'ancien monde qu'ils ne le sont de nos jours. Nous ne connaissons, en effet, que deux espèces vivantes de ces animaux; mais, à l'état fossile, outre deux grandes espèces, de la taille à peu près de celles qui vivent encore aujourd'hui, et qui sont connues depuis long-temps, il en existe très probablement deux petites, dont on ne possède que très peu d'os, et qui n'ont été connues que plus tard.

L'espèce fossile la plus anciennement connue, celle dont les individus se trouvent en plus grand nombre dans l'Europe moyenne et septentrionale, ainsi que dans l'Asie, se distingue des espèces vivantes par une circonstance très remarquable.

Ce qui frappe le plus dans le rhinocéros, c'est la corne volumineuse qu'il porte sur sa tête; et quand on examine son squelette, et qu'on cherche quelle base a été donnée par la nature à un organe d'un si grand poids, on s'aperçoit avec étonnement qu'il est implanté sur l'extrémité des os du nez, lesquels forment une voûte assez épaisse, il est vrai, mais sans aucun appui sur le reste du crâne.

L'espèce qui a dû être la plus commune dans l'ancien monde paraît avoir été, sous ce rapport, beaucoup plus avantageusement organisée que les espèces actuelles. Elle était, en effet, pourvue dans les narines d'une cloison osseuse qui, servant d'appui à la voûte qui supporte la corne, lui donnait plus de solidité. Joignez à cette circonstance favorable, que la voûte formée par les os du nez est, dans l'espèce fossile, moins élevée et plus abaissée vers la mâchoire inférieure.

L'immense majorité des os fossiles appartenaient à cette espèce, qui était encore la seule connue il y a quelques années.

Pallas, célèbre naturaliste, dont je crois vous avoir déjà parlé, et qui voyagea en Sibérie, donna la relation de la découverte d'un rhinocéros entier de cette espèce, trouvé, avec sa peau, en décembre 1771, sur les bords du Wilaji, rivière qui se jette dans la Lena.

L'Europe fournit aussi des rhinocéros fossiles; on les trouve particulièrement dans le

Val d'Arno, si célèbre par les débris d'éléphants et d'hippopotames qu'il renferme en
si grande abondance : mais dans cette contrée, et dans toute l'Italie, outre l'espèce la
plus commune dont je viens de vous parler,
on en rencontre une autre de dimensions un
peu plus grêles, et qui a de commun avec
nos espèces vivantes l'absence de cette cloison
si remarquable.

On a recueilli en Allemagne des incisives fossiles de rhinocéros qui doivent avoir
appartenu à des individus de la taille ordinaire de ces animaux. Or, ni l'espèce fossile
connue, ni celle d'Italie à narines non cloi-
sonnées, ne peuvent présenter d'incisives ;
ils n'ont pas même à leurs mâchoires de place
pour les contenir. Ces dents ont donc dû appartenir à une espèce différente, et dont,
avec le temps, on découvrira sans doute de
nouveaux débris.

La France était également destinée à nous
révéler une ancienne espèce de ces animaux,
plus curieuse peut-être que toutes les précédentes. On a trouvé, dans le village de Saint-
Laurent, près Moissac (Lot-et-Garonne),

des dents incisives, mais bien plus petites
que celles d'Allemagne, et qui ne peuvent
avoir appartenu qu'à une espèce de beaucoup inférieure pour la taille à celle qui a
fourni ces dernières.

Plusieurs os de squelette de rhinocéros,
qui n'ont pu appartenir qu'à des individus
de très petite taille, paraissent nécessiter
l'admission de plusieurs petites espèces à
dents incisives.

Afin qu'il ne vous vienne aucun scrupule
sur l'existence de ces petites espèces, et que
vous ne soyez pas en danger de vous imaginer que la découverte de quelques ossements
de jeunes animaux ont pu y donner lieu, je
dois vous prévenir, Madame, que le squelette des jeunes animaux porte des caractères
qui ne permettent pas de se tromper sur
leur âge, et que chacun de leurs os, comparé
à ce qu'il doit devenir quand l'animal sera
adulte, présente des différences qu'il n'est
pas difficile de reconnaître, même à l'état
fossile. Au reste, relativement aux mâchoires
(et ce sont les os qu'on retrouve en plus
grand nombre et les mieux conservés), l'é-

tat des alvéoles ne peut laisser aucun doute
sur l'âge plus ou moins avancé des animaux
auxquels elles ont appartenu.

M. Home annonça, l'année dernière
(*Transactions philosophiques*, 1822), l'existence d'un rhinocéros venu de la Cafre-
rie, et qui, prétendait-il, ressemblait parfaitement à ceux des espèces fossiles ; il est
pourtant constant que la tête dont il parle
diffère essentiellement de celles des rhinocéros avec lesquels il lui trouve tant de ressemblance, en ce que la cloison des narines
n'est pas ossifiée, comme cela a lieu chez les
espèces fossiles semblables.

Le cheval de l'ancien monde est celui de
tous les animaux de cette époque qui a dû
présenter le plus de ressemblance avec les individus de même espèce qui vivent encore
aujourd'hui : toute la différence que pourraient indiquer les os fossiles de cet animal
consiste dans les dimensions. Ils ont dû appartenir à des individus dont la taille ne devait pas surpasser celle de nos grands ânes.
Ces petits chevaux vivaient avec les éléphants et les rhinocéros de la même époque ;

car on trouve leurs ossements dans les mêmes terrains et dans les mêmes dépôts : ils ne sont pas moins nombreux ; et si on n'en a pas autant recueilli, c'est qu'ils étonnaient moins ceux qui en faisaient la découverte. Ils ont donc évidemment péri avec eux, et nous n'avons aucun motif pour supposer que les chevaux dont nous nous servons tirent leur origine de cette ancienne race.

Pour terminer ce qui me reste à vous dire des découvertes d'animaux faites dans les terrains les plus superficiels, dans ceux qui n'ont été recouverts que par une révolution qui paraît avoir été peu durable, je dois ajouter qu'on trouve des ossements moins nombreux que ceux des espèces précédentes, et qui suffisent cependant pour établir clairement l'existence d'une espèce de tapirs gigantesques. Je ne sais, Madame, si vous avez appris que cet animal, qu'on croyait ne plus exister que dans l'Amérique méridionale, a été tout récemment observé dans les Indes orientales, où on en a rencontré une espèce d'un volume de beaucoup supérieur à l'espèce américaine ; l'espèce

fossile était encore incomparablement plus
grande que cette dernière.

En général, les animaux de l'ancien monde
paraissent avoir été plus grands que ceux
des espèces actuelles qui leur correspondent; c'est ce qu'on a eu occasion de voir,
d'une manière bien frappante, sur les ossements fossiles des *paresseux*, qu'on a re-
trouvés depuis peu en Amérique, dans des
couches très superficielles.

Cette famille de paresseux est si remarquable parmi celles des autres animaux, que
je ne peux m'empêcher de vous rappeler les
singularités qu'elle présente. Son nom lui
vient de la lenteur des animaux qui la composent, et qui sont incontestablement les plus
misérables des êtres vivants connus.

Les dimensions disproportionnées de leurs
membres antérieurs, qui ont au moins deux
fois la longueur de leurs jambes; la confor-
mation de leur bassin, qui ne leur permet
pas de rapprocher les genoux; le mode désa-
vantageux de l'articulation de leurs pieds
avec leurs jambes, qui fait qu'ils tournent sur
elles comme une girouette sur son pied, tout

se réunit pour entraver leur marche. Aussi ne peuvent-ils que se traîner péniblement sur les coudes, et si lentement, que des voyageurs assurent qu'ils ne pourraient faire 5o pas en un jour. Ils n'ont ni dents incisives ni canines, et ne vivent que de feuilles et de fruits; nul moyen d'attaquer, ni aucun de se défendre. « Tout, dit Buffon, nous rappelle ces monstres par défaut, ces ébauches imparfaites, mille fois projetées, exécutées par la nature, qui ayant à peine la faculté d'exister, n'ont dû subsister qu'un temps, et ont été depuis effacées de la liste des êtres. » Une chose très remarquable, c'est la différence extrême qui existe entre cette famille et toutes celles qu'on pourrait vouloir lui comparer. « On leur trouve, dit M. Cuvier, si peu de rapports avec les animaux ordinaires, les lois générales des organisations aujourd'hui existantes s'appliquent si peu à la leur, les différentes parties de leur corps semblent tellement en contradiction avec les règles de coexistence que nous trouvons établies dans tout le règne animal, que l'on pourrait réellement croire qu'ils sont les restes d'un autre

ordre de choses, les débris vivants de cette
nature précédente, dont nous sommes obli-
gés de chercher les autres ruines dans les
entrailles de la terre, et qu'ils ont échappé
par quelque miracle aux catastrophes qui dé-
truisirent les espèces leurs contemporaines. »

L'éléphant peut bien aussi être cité pour
la manière sensible dont il diffère de tous
les mammifères ; mais il est doué d'une organisation qui, pour lui être particulière, ne
lui est pas plus désavantageuse, tandis que
les paresseux présentent le type le plus parfait de la faiblesse et de la misère.

On n'a cependant jusqu'ici trouvé que
très peu d'ossements fossiles qu'on peut rapprocher de ces animaux, qui ne paraissent
avoir de parents que parmi les morts. C'est
en Amérique qu'on les a rencontrés : l'un,
le *mégalonyx*, a été déterré dans une caverne
à quelques pouces seulement de la surface
du sol ; il devait avoir un volume égal, au
moins, à celui des plus grands bœufs de la
Suisse ou de la Hongrie. On l'avait pris d'a-
bord pour un carnassier, supérieur de beaucoup pour la taille au lion ; mais M. Cuvier a

prouvé qu'il ne pouvait avoir appartenu à cette classe.

Un animal fossile de la même famille que le précédent, et plus remarquable encore que lui à cause de ses plus grandes dimensions, est le *mégathérium*, dont on a eu le bonheur de trouver le squelette presque entier réuni dans un même lieu; de sorte que, quoiqu'il soit un des derniers mammifères dont on ait trouvé des ossements fossiles, il se trouve être un des plus connus. Il devait avoir des dimensions presque comparables à celles de l'éléphant; il vivait de végétaux, et ses pieds de devant, robustes et armés d'ongles tranchants, qui lui donnaient la facilité de fouiller dans la terre, doivent porter à croire que c'était particulièrement les racines qu'il recherchait.

Si quelques uns des animaux dont l'organisation se rapproche de celle des paresseux devaient, malgré son organisation défectueuse, se maintenir sur le globe à l'état de vie, c'était bien certainement le mégathérium. « Sa grandeur et ses griffes, dit M. Cuvier, devaient lui fournir assez de moyens de défense. Il n'était pas prompt à la course ; mais cela ne lui était pas nécessaire, n'ayant besoin ni de poursuivre ni de fuir. »

Ses débris jusqu'ici ont tous été trouvés dans les couches les plus superficielles, et quelques naturalistes ont paru disposés à croire qu'il pouvait encore exister quelques individus de cette espèce, que les voyageurs n'auraient pas eu occasion d'observer jusqu'ici. Cette opinion n'est nullement vraisemblable, car où pourrait se cacher un animal aussi volumineux pour échapper à toutes les recherches des chasseurs et des naturalistes ?

Une seule phalange, trouvée dans les états du grand-duc de Hesse, a révélé à M. Cuvier l'existence d'un *pangolin* * gigantesque, qui a dû avoir au moins huit fois la taille des animaux de même espèce vivants ; de sorte qu'il pouvait avoir jusqu'à 24 pieds de longueur.

* Le pangolin est un animal voisin du genre des fourmillers. On le trouve en Afrique. Pour échapper à la poursuite de ses ennemis, il a l'instinct de se mettre en boule comme le fait le hérisson dans notre pays. Les plus grands pangolins n'ont pas huit pieds de longueur.

Les couches qui renferment les débris des animaux dont je vous ai parlé jusqu'ici présentent aussi des ossements de ruminants. Ces derniers animaux existaient donc avant le dernier cataclysme, et même en proportion assez considérable, car leurs débris sont très communs.

Cependant tous les genres de cette classe ne se rencontrent pas à l'état fossile ; on n'a trouvé jusqu'ici de débris ni de moutons, ni de chèvres, ni d'antilopes, ni de girafes, ni de chameaux, ni de lamas, ni de chevrotins, passablement caractérisés. Rien ne peut expliquer cette absence ; elle ne tient pas au climat dans lequel peuvent vivre ces espèces ; car si les chamois, les moufflons, les bouquetins, habitent les pays froids, les antilopes, les chameaux, les girafes et les lamas, ne vivent que dans les pays chauds. Au reste, les bœufs et les cerfs, quoique naturels des pays froids, sont pourtant très fréquents à l'état fossile. On peut remarquer, comme une circonstance assez singulière, que, tandis que les pachydermes fossiles appartiennent à des genres entièrement confinés aujourd'hui dans la zone torride, les ruminants, au contraire, sont ceux des pays froids, comme l'aurochs, le bœuf musqué, l'élan, le renne.

Le plus célèbre des ruminants fossiles est le cerf à bois gigantesque; il appartient à une espèce bien évidemment perdue. Il paraît plus commun en Irlande que partout ailleurs. Un naturaliste anglais assure que, dans un seul verger d'une acre d'étendue, on en a trouvé par hasard, à sa connaissance, plus de 30 en vingt ans. Une de ces têtes portait des cornes dont chaque perche était longue de plus de 5 pieds anglais, et leurs deux andouillettes extérieures avaient leurs pointes à 10 pieds 10 pouces l'une de l'autre.

Au reste, les têtes fossiles n'ont pas des dimensions proportionnées à celles des bois qu'elles portent; les plus grandes, au contraire, sont plus courtes que des têtes d'élans ordinaires.

Dans le genre du bœuf on distingue maintenant, outre notre espèce domestique, l'auroch, qui vit à l'état sauvage dans les pays froids, et le buffle, également sauvage,

mais originaire des pays chauds ; à quoi il
faut ajouter le bison d'Amérique, qui ne
se trouve que dans la partie septentrionale
du nouveau continent.

Les ossements des bœufs fossiles appartiennent à des individus qui ont dû différer
très peu de ceux qui vivent actuellement ;
elles se réduisent à trois, l'auroch, le bœuf
commun et le buffle musqué. Aucun caractère prononcé ne distingue les espèces à l'état
fossile de leurs correspondantes actuelles.

Il faut remarquer, relativement aux bœufs
ordinaires, que ceux qu'on trouve à l'état
fossile ont dû être beaucoup plus grands que
ceux qui vivent de nos jours. Cependant il
ne serait pas impossible que nos bœufs actuels tirassent leur origine de cette ancienne
espèce, que la civilisation a fait disparaître.
Ce qui pourrait surtout le faire croire, c'est
que les crânes de bœufs fossiles n'ont été
trouvés jusqu'ici que dans des tourbières ou
d'autres terrains formés depuis le dernier
ordre de choses ; de sorte qu'ils pourraient
bien être d'une origine plus moderne que les
os d'éléphants, de rhinocéros, etc.

LETTRE XIII.

Le plus grand nombre des os de ruminants fossiles se trouvent incrustés au milieu des concrétions qui remplissent les fentes que présentent certains rochers, sur les côtes de la Méditerranée. Ces fentes, auxquelles les os qui les remplissent ont fait donner le nom de *brèches osseuses*, sont un des phénomènes les plus remarquables de la géologie. On ne peut expliquer, en effet, d'une manière satisfaisante ni leur production dans les lieux où on les observe, ni pourquoi elles sont bornées aux côtes de la Méditerranée, ni la ressemblance qu'elles présentent toutes, tant pour la nature des rochers dans lesquels elles sont pratiquées, que pour celle des matières qui les remplissent.

La nature des os qu'elles renferment ajoute encore à l'intérêt qu'elles inspirent,

en prouvant que leur formation remonte à
une époque beaucoup plus ancienne qu'on
ne l'avait cru jusqu'ici. Ils n'appartiennent
point, en effet, à des ruminants du pays,
mais aux races d'animaux contemporaines
de celles des éléphants et des rhinocéros
fossiles. De sorte que tout porte à croire que
si on n'y rencontre pas des os de ces quadrupèdes, on ne doit chercher la cause de cette
absence que dans leurs grandes dimensions,
qui, seules, ont pu les empêcher d'y tomber.

Les principales brèches osseuses sont
celles de Gibraltar, d'Antibes, de Nice, etc.
Elles ont aidé à perfectionner la zoologie
antédiluvienne, en faisant connaître 14 ou
15 espèces d'animaux peu volumineux qu'on
n'avait pas jusque là trouvés ailleurs.

Tout prouve que, dans le temps où les
brèches dont nous parlons ont été formées,
les rochers dans lesquels elles ont été pratiquées se trouvaient à sec ; les ossements,
les fragments de pierre qu'elles contiennent,
tombaient, dit M. Cuvier, successivement
dans leurs fentes à mesure que le ciment qui
réunit ces différents corps s'y accumulait.

Presque toujours les pierres proviennent du rocher même auquel la brèche appartient.

Si les brèches osseuses nous ont conservé de nombreux débris de ruminants, les *cavernes à ossements* nous offrent, de leur côté, des ressources précieuses pour la connaissance des carnassiers leurs contemporains. Il est impossible, Madame, que vous n'ayez pas entendu parler de ces cavernes fameuses, dont les plus célèbres sont celles qu'on rencontre dans le pays de Blanckenbourg et dans l'électorat d'Hanovre, et dont Leibnitz lui-même a donné des descriptions. On se ferait une idée bien fausse de ces anciens repaires d'animaux sauvages, si on se les représentait comme de simples cavités, creusées dans le rocher à quelques pieds de profondeur : figurez-vous une suite de grottes nombreuses, ornées de stalactites de toutes les formes, dont la hauteur et la largeur sont extrêmement variables, mais qui communiquent les unes avec les autres par des ouvertures si étroites; qu'un homme ne peut souvent y passer en rampant qu'avec la plus grande peine.

Ces grottes, qui communiquent entre elles, s'étendent souvent à des distances très considérables. Un naturaliste moderne (M. de Volpi) en a parcouru une suite qui l'ont conduit trois lieues entières presque toujours dans la même direction. Il ne fut arrêté que par un lac qui lui rendit le passage impossible. Ce ne fut qu'après deux lieues qu'il rencontra des ossements d'animaux qu'il crut appartenir à des *palæotherium*, et que M. Cuvier a reconnus pour appartenir à la grande espèce d'ours connus sous le nom d'ours des cavernes, et dont les débris sont plus communs dans ces lieux souterrains que ceux d'aucune autre espèce.

On rencontre également dans les cavernes des ossements de tigres, de loups, de renards, de belettes. Les débris de l'espèce des hyènes y sont surtout très nombreux ; ces hyènes de l'ancien monde avaient, comme celles d'aujourd'hui, l'instinct de déterrer les cadavres, pour porter dans leurs tanières les ossements, qu'elles broyaient avec les dents, que la nature leur accordait d'une forme propre à la mastication des

corps les plus durs. Ce sont elles, sans
doute, qui ont contribué, plus que tous
les autres carnassiers, à remplir d'ossements
d'animaux herbivores et de grands quadrupèdes de toute espèce, les lieux qui
leur servaient de refuge. Elles n'épargnaient
pas même leur propre espèce; car on a
remarqué que leurs os ne sont pas moins
brisés que ceux des autres animaux ensevelis avec eux.

On a trouvé même un crâne d'hyène frac-
turé, et portant les marques évidentes de
la consolidation de la fracture, qui était
probablement le résultat d'un des combats
que ces animaux se livrent quelquefois entre eux.

On ne trouve presque point d'ossements
d'animaux carnassiers dans les grandes couches meubles où on rencontre en si grand
nombre leurs contemporains herbivores. Il
n'y a guère d'exception un peu marquante,
sous ce rapport, que pour l'espèce des hyènes dont on a trouvé des débris assez nombreux à Canstadt près d'Aichstedt. On a
aussi trouvé quelques ossements d'ours dans

d'autres lieux ; mais le nombre en est bien petit, en comparaison de la prodigieuse quantité de débris de ces animaux que renferment les cavernes.

Dans les cavernes les plus anciennement connues et les plus fréquentées, on ne trouve presque plus d'ossements ; car ces lieux singuliers ayant depuis long-temps frappé l'attention du peuple, on attribuait aux os qu'elles renferment une vertu médicamenteuse qui les faisait rechercher pour les vendre aux pharmaciens, chez lesquels ils étaient conservés sous le nom de *licorne fossile*.

L'existence des cavernes est un phénomène bien curieux, sous tous les rapports : les débris qu'elles renferment prouvent que des animaux d'espèces de genre et de classes tout-à-fait différents, et dont les analogues ne pourraient aujourd'hui supporter le même climat, ont vécu pourtant ensemble dans l'ancien ordre de choses. Ainsi, les animaux qui ne vivent aujourd'hui que dans la zone torride, ont vécu et habité jadis avec des espèces qu'on ne trouve que dans les régions les plus glacées.

19

L'histoire naturelle fossile nous offre le
même phénomène, en présentant aussi l'aurochs avec l'éléphant, comme on les voit dans
le val d'Arno par exemple.

Mais, si des découvertes irrécusables nous
prouvent ainsi qu'il existe une grande différence entre le monde antédiluvien et celui
que nous habitons, on peut, d'un autre côté,
s'en servir pour établir que les carnassiers,
dans l'ancien monde, existaient dans une
proportion peu différente de celle où ils
existent aujourd'hui, et que leur genre de
vie était à peu près le même. Il y a plus,
c'est que ces carnassiers des cavernes, contemporains des éléphants et des rhinocéros de nos contrées, diffèrent beaucoup
moins des carnassiers actuels, que les herbivores de la même époque ne diffèrent
de ceux qui vivent encore de nos jours.
A la vérité, le grand ours, le grand tigre
ou lion, et l'hyène fossiles, quoique peu
différents de leurs analogues vivants, appartiennent néanmoins à des espèces éteintes ; mais tous les autres carnassiers des
cavernes ne peuvent être distingués de

ceux d'aujourd'hui d'une manière satisfaisante.

Mais, Madame, si les anciennes cavernes sont curieuses par les débris qu'on y trouve, elles ne le sont pas moins par l'absence des ossements de certains animaux, dont on peut raisonnablement supposer que les espèces n'existaient pas alors.

Il est d'autant plus important de s'arrêter à cette considération, que les ossements humains sont au nombre de ceux qu'on y chercherait inutilement : or pourquoi, s'il avait existé des hommes à l'époque où les hyènes fouillaient dans la terre pour enlever et transporter dans leurs repaires les cadavres de tous les animaux, auraient-elles plus épargné leurs dépouilles qu'elles ne le font maintenant?

On peut faire la même remarque relativement aux familles si nombreuses des singes. On ne rencontre pas dans les cavernes un seul os qui puisse faire soupçonner qu'ils aient existé à l'époque qui nous occupe.

On n'a pas non plus trouvé à l'état fossile un seul os de chauve-souris, ni en général

aucune trace du genre des quadrumanes
qui contient les *primates* de Linnée.

Vous sentez, Madame, que c'est surtout
de l'espèce humaine qu'il est intéressant de
constater l'existence ou la non-existence
à l'époque dont il s'agit.

Or, si on s'en rapportait aux observations
citées par un grand nombre d'auteurs, rien
ne serait plus certain que la fossilisation
des débris humains, malgré leur absence
des cavernes. On a même, tout récemment,
annoncé avoir trouvé des crânes et autres
ossements humains avec plusieurs restes d'é-
léphants. On assure que ces ossements, et
particulièrement la forme des crânes, déno-
tent l'existence d'une ancienne race d'hommes fort différente de celle qui habite maintenant le globe.

Mais il faut attendre la publication de
ces documents, et le jugement qu'en por-
teront les hommes qui doivent être, dans
ces matières, les guides de l'opinion pu-
blique.

Je dirai la même chose des prétendus crânes humains trouvés dans des cavernes, et

qui auraient dû appartenir à des hommes privés de dents incisives.

Je dois me contenter, dans ces lettres, de vous faire part des prétentions jugées relativement à l'existence de la race humaine à l'état fossile.

D'abord, il est reconnu aujourd'hui qu'on s'est très souvent mépris pour n'avoir pas su distinguer la nature des terrains dans lesquels gisaient les ossements humains qu'on rencontrait.

On ne peut rien conclure de tous ceux qui se trouvent avec des ouvrages façonnés par la main des hommes, à d'assez grandes profondeurs à la vérité, mais dans des terrains d'alluvion, déposés depuis le dernier état de choses.

Ceux qu'on a trouvés incrustés dans l'intérieur de quelques rochers auraient pu induire plus facilement en erreur, si on n'avait pas constaté depuis qu'ils avaient été précipités, à des époques peu reculées, dans des fentes, où ils étaient restés quelques siècles recouverts de matières pierreuses et terreuses, jusqu'à ce qu'en travaillant dans le rocher, des ouvriers les eussent exhumés, au grand étonnement de ceux qui ne tenaient pas compte de toutes les circonstances locales.

Un théologien, nommé Scheuchzer, auteur d'un système sur la théorie de la terre, a été induit en erreur d'une autre façon. Il avait trouvé des ossements réellement fossiles dans des terrains très anciens, et il en publia la découverte sous le titre de : *Homo diluvii testis* (homme témoin du déluge). C'était un grand lézard, du genre *proteus*, qui, comme presque tous les reptiles de l'ancien monde, avait des dimensions de beaucoup supérieures à celles des animaux de la même espèce qui vivent encore de nos jours.

La découverte qui a paru pendant le plus long-temps favorable à l'opinion de l'antiquité antédiluvienne de l'espèce humaine est celle des hommes pétrifiés de la Guadeloupe. Le gouvernement français ayant entendu parler de ce phénomène ordonna qu'on fît des recherches pour se procurer les ossements en question ; mais, dans l'intervalle, la colonie étant tombée au pouvoir des Anglais, ce furent eux qui en profitèrent. Cependant nous possédons au Muséum plusieurs de ces pièces très curieuses et parfaitement concluantes.

Les ossements appartiennent évidemment à l'espèce humaine ; mais ce ne sont pas des ossements fossiles. Ils sont bien, il est vrai, entourés de la substance pierreuse dans laquelle ils ont été saisis ; mais cette substance ne s'est point combinée de manière à faire corps avec la leur. Ils appartiennent évidemment à des hommes qui, à une époque peut-être peu reculée, ont fait naufrage sur la côte et y sont restés ensevelis. Le gisement dans lequel on les trouve ne consiste que dans une poussière de coquilles jointes entre elles par un cément pierreux, au milieu duquel ils sont conservés sans aucune autre altération que celle que devait leur faire subir le temps écoulé depuis l'époque de leur dépôt. Il n'y a rien là qui ressemble à la fossilisation ; car elle ne peut avoir lieu qu'autant que la force créatrice des substances dans lesquelles les os se trouvent renfermés agit sur eux-mêmes pour les modifier. Or, je le répète, il paraît que la nature n'est plus douée, dans

le règne minéral, d'une activité assez grande
pour produire un pareil effet.

Si quelque chose peut convaincre de cette impuissance de la nature relativement à la fossilisation, c'est bien cette absence d'ossements humains fossiles. L'homme s'expose, en effet, bien plus qu'aucun animal, à périr dans les circonstances les plus diverses : des cadavres de mineurs restent enfouis dans les mines, des navigateurs sont précipités au fond de la mer, des pêcheurs périssent dans les rivières; ses dépouilles sont confiées à la terre sous toutes les latitudes, depuis les pôles jusqu'à l'équateur, et nulle part ils ne se fossilisent. La fossilisation ne tient donc à aucune condition de température, de climat, de nature de terrains, etc.

Mais, dira-t-on peut-être, si on ne trouve point d'os humains fossiles, peut-être doit-on l'attribuer à ce qu'ils seraient moins capables que ceux des autres animaux de résister aux causes de destruction, qui tendent à les décomposer avant que les corps environnants aient eu le temps d'agir sur eux. Une pareille supposition n'est pas admissible ; car on ne voit point sur les champs de bataille, par exemple, que les os d'hommes soient, relativement à leurs dimensions, plus promptement altérés que ceux des chevaux soumis aux mêmes causes de destruction.

On a trouvé dans les caveaux de l'ancienne église Sainte-Geneviève des restes humains qui doivent remonter aux temps les plus reculés de la monarchie, et qui ont probablement appartenu à des princes de la première race : ils avaient cependant assez bien conservé leur forme.

On rencontre à l'état fossile des animaux qui remontent à une époque beaucoup plus reculée que les éléphants fossiles eux-mêmes, et qui n'ont pas dû avoir une taille supérieure à celle d'une souris : on trouverait donc certainement des hommes, si leurs ossements avaient été soumis aux causes de la fossilisation dans des circonstances favorables.

Tout prouve cependant que, depuis que la race humaine est répandue sur la terre, elle a été victime d'une grande catastrophe, d'une inondation terrible qui a presque entièrement détruit son espèce : si donc on ne trouve

pas de ses débris sous des couches marines,
cela tient à ce que, ne s'étant pas fossilisés,
ils n'ont pu se conserver ; ou bien plutôt
encore , la mer n'ayant pas depuis ce temps
changé de lit , c'est sous les profondeurs de
ses abîmes qu'ils sont restés engloutis.

LETTRE XIV.

Tous les animaux dont je vous ai parlé jusqu'ici appartiennent à des espèces très peu différentes de celles qui vivent encore de nos jours; aussi se trouvent-ils dans les terrains les plus récents. Les animaux dont il me reste à vous parler, étant situés dans des couches plus profondes, appartiennent à une époque beaucoup plus reculée; il y avait bien des siècles que leurs ossements étaient ensevelis dans nos contrées, sous les débris de la mer, quand les éléphants qu'elle y a détruits par son retour y paissaient encore tranquillement. Aussi, nous aurons occasion de reconnaître que ces anciens habitants de la terre formaient des genres entièrement différents des nôtres.

Ce qui, relativement à ces animaux, peut ajouter pour nous à l'intérêt de leur découverte, c'est qu'ils ont vécu et péri dans les lieux mêmes que nous habitons; et, quand la mer vint les détruire, la plupart des lieux qui forment aujourd'hui les carrières à plâtre de nos environs leur servirent de tombeau, et Montmartre, en particulier, fut leur dernier refuge. Ne dirait-on pas que c'est par un vrai coup de la Providence que la nature a de nos jours placé si près de leurs dépouilles l'homme célèbre qui a si bien su les reconnaître, les classer, et les faire pour ainsi dire revivre dans notre esprit après tant de siècles!

La tâche qui lui était imposée n'était pas facile; les ouvriers qui travaillent dans les carrières trouvaient, il est vrai, assez fréquemment des débris ou plutôt des vestiges d'animaux très fragiles; aussi les brisaient-ils autrefois sans scrupule (et combien de milliers de ces os ont été ainsi enlevés pour jamais à la curiosité des naturalistes!). Ce n'est que depuis que l'attention est fixée sur ce genre de recherches qu'ils font tout leur possible pour les conserver. Mais quel parti semblerait-il d'abord qu'on pût en tirer? On en rencontre de huit ou dix espèces différentes, et qui toutes étaient inconnues des naturalistes à l'époque où M. Cuvier a commencé ses travaux. Comment donc, sur la grande quantité d'os dont se compose un squelette, venir à bout de choisir avec certitude ceux qui appartiennent à chaque genre et à chaque espèce ? Voici à peu près comment s'y est pris ce grand naturaliste.

La forme des dents soumises à son examen, leur nombre, leur arrangement, le convainquirent bientôt qu'elles n'avaient pu appartenir qu'à des animaux herbivores, et que même ces animaux devaient être rangés dans la classe des pachydermes. Cette classe est très singulière, et elle a été long-temps mal connue par les naturalistes, sans doute parceque, tant qu'on ne considérait que les espèces vivantes, elle présentait, entre les différents genres qui en restent, des vides que les anciens genres remplissent d'une manière très remarquable.

Ce fut surtout la considération des dents qui le conduisit à ces premiers résultats; bientôt une attention suivie lui donna la facilité de distinguer celles qui appartenaient aux différentes espèces ; il reconstruisit ainsi artificiellement des mâchoires, puis des têtes entières, et le hasard en ayant offert postérieurement dans les carrières, elles ont confirmé tout ce qu'il avait annoncé.

Passant ensuite à l'étude des pieds, et faisant pour leur classification un même travail, il est arrivé à des résultats semblables, qu'il a également eu le bonheur de voir confirmer par des découvertes ultérieures.

Il était parvenu ainsi à avoir des têtes de deux genres ; il avait désigné l'un de ces genres sous le nom de *palæotherium*, il avait donné à l'autre celui d'*anoplotherium*. Il distingua parmi les *anoplotheriums* plusieurs sous-genres, et parmi les *palæotheriums* plusieurs espèces. Il avait également des pieds de plusieurs sortes, et c'était une tâche qui n'était pas facile, que celle de rattacher à chaque tête les pieds qui lui convenaient. Les volumes respectifs des parties lui ont bien été de quelque secours dans ce nouveau travail, mais il a été bien plus guidé par les analogies que présentait chaque partie avec des espèces connues.

Ainsi, par exemple, la tête du palæothe-rium ayant beaucoup d'analogie avec celle du tapir, par le nombre, l'arrangement, la nature de ses dents, et tous les détails de sa forme, et, d'un autre côté, une des sortes de pieds ressemblant beaucoup à ceux du même animal, M. Cuvier en a conclu naturelle-ment que ces pieds devaient avoir été unis à la tête qui s'en rapprochait par une ana-logie si évidente.

Comme les palæotheriums contiennent plu-sieurs espèces différentes pour la taille, et qu'il avait des pieds de différentes dimen-sions, ce fut une grande confirmation pour lui que de voir dans les pieds de même es-pèce des rapports de grandeur correspon-dants à ceux que présentaient les têtes.

Pour les anoplotheriums, il se conduisit de la même manière; et comme il avait dans les têtes les preuves de l'existence d'un genre et de plusieurs sous-genres, il ne fut pas sur-pris de trouver des pieds analogues, qui différaient aussi assez entre eux pour se prêter aux mêmes subdivisions.

Je ne m'étendrai pas davantage sur l'his-

torique de ces recherches; vous comprenez
de suite , Madame , tout ce qu'elles ont d'in-
génieux , et quelle connaissance profonde
de la nature elles exigent. Qu'il me suffise
de vous dire que les troncs ont été recompo-
sés comme les têtes et les pieds , puis ajustés
avec ces derniers. Ce qui prouve d'une manière incontestable et la bonté de la méthode
suivie dans ce travail , et la manière rigoureuse dont elle a été appliquée , c'est que toutes les découvertes d'animaux plus ou moins
complets , trouvés postérieurement, ont confirmé ce qui avait été annoncé , sans que jamais on ait été obligé de rectifier les résultats
auxquels l'analogie avait conduit d'abord.

Ce serait maintenant , Madame , le lieu
d'entrer dans quelques détails sur les caractères zoologiques de ces nouveaux genres ;
mais c'est ce que je n'oserais entreprendre;
car , outre la sécheresse du sujet , je me sou-
viens que mon rôle est de vous intéresser , si
je peux , aux belles découvertes dont je vous
parle , et qu'il ne peut aller au-delà. Je me
contenterai donc de vous dire que le genre
palæotherium diffère de l'anoplotherium

en ce que les animaux qui le composent
ont une dent canine saillante , à peu près
semblable à celle que présentent les animaux de l'espèce du sanglier , moins saillante que chez ces derniers à l'état sauvage ,
mais recouverte dans son entier par les lèvres,
comme dans l'hippopotame , le tapir et le
cochon; que l'anoplotherium, au contraire ,
est dépourvu de cette dent, et que de son
absence il résulte que, bien que tous deux herbivores , ces deux genres devaient , relativement à leurs habitudes, présenter des différences assez marquées. Le genre anoplotherium, manquant de la canine qui distingue
le palæotherium , devait renfermer des animaux de mœurs plus douces; c'est aussi ce que
rappelle le nom qu'on lui a donné , le mot
anoplotherium étant formé de deux mots
grecs qui signifient *animal innocent*, tandis
que palæotherium veut dire seulement *animal ancien*.

On distingue , dans les différents palæotheriums , relativement à leur forme extérieure, le grand, le petit, le moyen , le gros,
l'épais, le court.

20.

Dans les anoplotheriums, on distingue le
commun, le léger, le lévrier. Je vous envoie
le trait de celles de ces espèces sur lesquelles
nous avons assez de données pour qu'on ait
cru, sans trop de témérité, pouvoir se hasarder à les représenter aux yeux; et vous
me saurez peut-être quelque gré d'y joindre
aussi ce que l'analogie peut nous apprendre
de plus positif sur les lieux qu'ils habitaient,
leur genre de vie, leurs mœurs, etc.

Grand palæotherium (*voyez* la planche).
« Cet animal avait la taille d'un cheval de médiocre grandeur; mais il était plus trapu, sa
tête était plus massive, ses extrémités plus
grosses et plus courtes. Il n'est rien de plus
aisé que de se le représenter dans l'état de
vie. » (Cuvier.)

Petit palæotherium (*voyez* la planche).
« Si nous pouvions ranimer cet animal aussi
aisément que nous en avons rassemblé les
os, nous croirions voir courir un tapir plus
petit qu'un chevreuil, à jambes grêles et légères : telle était sans doute sa figure. Un
squelette presque complet de cette espèce a
été trouvé à Pantin; sa hauteur, au garrot,

devait être de 16 à 18 pouces. » (Cuvier.)

« On peut se faire une idée assez juste du palæotherium moyen, en se le représentant comme un tapir à jambes grêles; il devait être, dans ce genre, ce qu'est le babiroussa parmi les cochons; sa hauteur, au garrot, était de 31 à 52 pouces. »

Nous avons trop peu de données sur les trois autres espèces de palæotheriums pour oser hasarder aucune conjecture sur leur forme.

Le squelette de l'anoplotherium a été reconstruit si complétement, qu'on ne peut conserver aucun doute sur l'apparence qu'il devait avoir quand l'animal était recouvert de ses muscles et de sa peau.

Anoplotherium commun (*voy*. la planche). « Sa hauteur, au garrot, était assez considérable; elle pouvait aller à plus de trois pieds et quelques pouces; mais ce qui le distinguait le plus, c'était son énorme queue : elle lui donnait quelque chose de la stature de la loutre, et il est très probable qu'il se portait souvent, comme ce carnassier, sur et dans les eaux, surtout dans les lieux marécageux.

Mais ce n'était sans doute point pour y pêcher. Comme le rat d'eau, comme l'hippopotame, comme tout le genre des sangliers et des rhinocéros, notre anoplotherium était herbivore; il allait donc chercher les racines et les tiges succulentes des plantes aquatiques. D'après ses habitudes de nageur et de plongeur, il devait avoir le poil lisse comme la loutre; peut-être même sa peau était-elle demi-nue, comme celle des pachydermes dont nous venons de parler. Il n'est pas vraisemblable non plus qu'il ait eu de longues oreilles, qui l'auraient gêné dans son genre de vie aquatique, et je penserais volontiers qu'il ressemblait, à cet égard, à l'hippopotame et aux autres quadrupèdes qui fréquentent beaucoup les eaux.

» Sa longueur totale, la queue comprise, était au moins de 8 pieds, et, sans la queue, de 5 et quelques pouces. La longueur de son corps était donc à peu près la même que dans un âne de taille moyenne; mais sa hauteur n'était pas tout-à-fait aussi considérable. » (Cuvier.)

Anoplotherium léger (*voyez* la planche).

« Il devait avoir un peu plus de 2 pieds de
hauteur au garrot, et égaler le chamois en
hauteur, bien que sa tête et ses os ne soient
pas si gros ; mais cela tient à l'excessive élon-
gation de ses membres. Sa tête égale à peine
celle de la corine. On voit qu'autant les
allures de l'anoplotherium commun étaient
lourdes et traînantes lorsqu'il marchait sur
la terre, autant le *léger* devait avoir d'agilité
et de grâce. Léger comme la gazelle ou le
chevreuil, il devait courir rapidement autour des marais ou des étangs, où nageait la
première espèce. Il devait y paître les herbes aromatiques des terrains secs, ou brou-
ter les pousses des arbrisseaux. Sa course
n'était point sans doute embarrassée par une
longue queue ; mais, comme tous les herbivores agiles, il était probablement un animal craintif, et de grandes oreilles très mo-
biles, comme celles du cerf, l'avertissaient
du moindre danger. Nul doute, enfin, que
son corps ne fût couvert d'un poil ras ; et,
par conséquent, il ne nous manque que sa
couleur pour le peindre tel qu'il animait
jadis cette contrée, où il a fallu en déterrer,

après tant de siècles, de si faibles vestiges.
Remarquons, en passant, qu'ainsi revêtu de
sa peau, s'il eût été rencontré par quelques
uns de ces naturalistes qui veulent tout classer d'après les caractères extérieurs, on n'eût
pas manqué de le ranger avec les ruminants ;
et cependant il en est à une assez grande distance par ses caractères intérieurs, et très
probablement il ne ruminait pas. »

Les espèces que nous venons de décrire
appartiennent spécialement au bassin dans
lequel se trouve Paris, et il est assez remarquable qu'on ne les rencontre nulle part ailleurs. On a cependant découvert des individus appartenants aux mêmes genres dans
quelques endroits de la France ou des pays
voisins ; par exemple, aux environs du Puy
en Velay, près d'Orléans et de Montpellier.
Il paraît que les os de ces deux derniers endroits appartiennent à une seule et même espèce.

Quant aux plâtrières des environs de Paris,
les animaux des espèces dont nous venons
de parler, et qui s'y rencontrent en si grand
nombre, sont aussi presque les seuls qu'on y

trouve. Il faut pourtant faire une exception pour les tortues, qui paraissent avoir été fort abondantes dans nos environs avec les palæotheriums et les anoplotheriums.

Peut-être, Madame, en ne voyant que des animaux herbivores pour habitants de nos contrées, vous faites-vous une idée séduisante de la vie qu'ils devaient y mener dans ces temps reculés ; mais n'allez pas trop tôt vous presser d'en conclure que de tout temps le territoire de Paris a été un lieu privilégié, de manière ou d'autre, pour former le plus agréable séjour de la terre. Je suis fâché d'être obligé de vous le dire, mais nos paisibles anoplotheriums ne devaient pas toujours jouir en paix des lieux qu'ils animaient par leur présence : des animaux carnassiers leur faisaient la guerre, et la révolution qui les a détruits a enseveli avec eux leurs cruels persécuteurs.

Le plus fort, le plus cruel, le plus terrible ennemi des habitants de nos contrées, était un animal de la famille des *ratons*, dont la taille égalait presque celle du loup, mais qui, d'après la forme de ses dents, de-

vait surpasser de beaucoup ce dernier en
férocité. Il ne devait le céder, sous ce rapport, à aucun des animaux actuellement vivants; ce que rendent évident la grandeur
de ses dents, leur forme tranchante, et les
indices qui nous restent sur la vigueur de ses
mâchoires.

Il existait aussi dans nos environs un
animal du genre *canis*, dont on a trouvé une
mâchoire très bien caractérisée, mais qui
n'appartenait à aucune des espèces actuellement vivantes; il présente, en effet, des
caractères qui le distinguent très positivement de nos chiens domestiques, des renards, des chacals et des loups.

Ajoutez, au nombre des animaux redou-
tables de ce temps-là, un carnassier du genre
des genettes, et un autre du genre des
civettes.

On a trouvé également dans nos plâtrières
un squelette de sarigue, remarquable par sa
très belle conservation; je ne vous en dirai
rien de plus.

Je ne m'étendrai pas davantage sur deux
espèces, du genre des pachydermes, qui

vivaient dans notre pays avec les palæotheriums, mais qui paraissent y avoir été beaucoup moins communs, si on en juge par le petit nombre de débris qu'on a obtenus jusqu'ici ; à peine a-t-on recueilli assez de leurs os pour établir leur existence d'une manière positive.

Enfin, c'est seulement pour ne passer entièrement sous silence rien de ce qui peut se rattacher à l'histoire d'animaux si intéressants pour nous, comme ayant été les premiers quadrupèdes terrestres qui ont habité le sol que nous foulons aujourd'hui, que je vous dirai qu'on trouve dans différentes parties de la France des débris au moyen desquels il a été facile de reconnaître un genre de pachydermes qu'on a désignés sous le nom de *lophiodons*.

Les naturalistes ont été long-temps en doute sur la question de savoir si on trouvait des ossements d'oiseaux à l'état fossile. Plusieurs auteurs, il est vrai, prétendaient depuis long-temps en avoir observé, mais leurs assertions étaient exposées à des objections insurmontables. En 1782, l'affirmative était

encore loin d'être prouvée, et ce n'est qu'à
cette époque qu'on présenta un véritable *or-
nitholithe* (c'est ainsi qu'on appelle les débris
fossiles d'oiseaux), trouvé à Montmartre.
Depuis ce temps M. Cuvier en a reçu des
carrières de nos environs un nombre assez
considérable pour qu'il ne soit plus permis
de conserver aucun doute ; il en existe particulièrement une empreinte parfaitement
bien conservée au muséum.

On a les preuves de onze ou douze espèces
d'oiseaux ensevelis dans nos carrières, parmi
lesquelles il paraît que deux au moins ont dû
être des oiseaux de proie ; et ce qu'il y a de
plus remarquable dans ces découvertes, c'est
que nos environs sont le seul endroit du
globe où jusqu'ici on ait trouvé des ornitho-
lithes incontestables.

L'existence, bien constatée aujourd'hui, des
oiseaux à l'état fossile, prouve qu'à l'époque
reculée où ils ont été ensevelis ; et lorsque les
espèces étaient si différentes de ce qu'elles
sont maintenant, on voyait déjà pourtant entre les races et les genres les mêmes rapports
d'organisation générale que nous observons

maintenant, et qu'aucune classe d'animaux ne manquait dans la série des êtres vivants ; aussi chacune d'elles est-elle si nécessaire à l'existence du tout, que peut-être la destruction totale d'une seule grande classe suffirait pour entraîner celle de toutes les autres.

Parmi les reptiles , le genre des tortues est celui qui présente le plus grand nombre d'espèces à l'état fossile, dans nos environs ; on y trouve quelques restes de crocodiles qui vivaient dans nos climats, en même temps que d'autres animaux qui ne se trouvent maintenant que loin de nous. Je ne vous dirai rien, Madame , des restes fossiles de poissons : la seule remarque intéressante qu'ils soient susceptibles de présenter, c'est que tous ceux qu'on rencontre dans nos carrières n'ont pu vivre que dans l'eau douce. Ils étaient d'ailleurs différents de ceux que nous trouvons aujourd'hui dans nos rivières.

Je me suis arrêté si long-temps sur l'histoire des animaux quadrupèdes fossiles particuliers au bassin de Paris, que le temps et l'espace me manquent également pour entrer dans quelques détails sur ceux des classes

inférieures. Je me contenterai donc de vous
dire que le nombre des invertébrés fossiles
est incomparablement plus grand encore que
celui des animaux vertébrés ; et que, parmi
ces derniers, les poissons le sont plus que les
reptiles, les reptiles plus que les mammifères, etc.

Les animaux des dernières classes sont
ceux qu'on rencontre les premiers. On trouve
en effet, même dans les couches les plus anciennes du sol de transport, des mollusques
testacés, des madrépores, et d'autres animaux
appartenants à des genres semblables ; mais
la substance de ceux que je viens de nommer
n'étant guère susceptible d'altération, on
les trouve en plus grand nombre et mieux
conservés.

Vous pouvez bien penser, Madame, qu'en
général on ne trouve à l'état fossile que les
coquilles des animaux ; mais comme c'est
d'après le têt seulement qu'on classe les
mollusques testacés, et les zoophytes vivants,
on a les mêmes ressources pour étudier les
fossiles ; aussi leur connaissance est-elle très
avancée. On a été à portée de reconnaître, de

manière à ne conserver aucun doute, que les genres fossiles sont entièrement différents des genres vivants, et que pourtant on les voit se rapprocher de ces derniers à mesure qu'on arrive à des couches plus superficielles.

L'immense majorité des animaux fossiles s'est toujours trouvée, dans tous les pays où on a fait jusqu'ici des recherches, appartenir à des genres marins ; ce qui confirme encore d'une manière bien évidente qu'il n'est aucun lieu qui, depuis la création, n'ait été bien plus long-temps envahi par l'océan que laissé à découvert par sa retraite.

Il faut remonter à des couches beaucoup plus récentes que celles où on trouve les premiers zoophytes et mollusques, pour rencontrer des quadrupèdes. Ceux des animaux de cette classe qui paraissent les premiers sont des quadrupèdes ovipares, comme les crocodiles de Honfleur et d'Angleterre, qui sont au-dessous de la craie, et les monitors de Thuringe, qui remontent à une époque plus reculée encore.

Quant aux quadrupèdes vivipares, on commence à les rencontrer dans le calcaire coquillier grossier qui recouvre la craie. Il n'est pas rare d'y trouver des phoques et des lamantins.

Les mammifères terrestres ne se rencontrent, comme j'ai eu l'honneur de vous le dire, que dans les couches puissantes de terrains d'eau douce déposés sur le calcaire grossier.

Si l'étude de la succession des animaux fossiles, selon les couches où ils se trouvent, conduit à des résultats importants, il est également assez curieux de considérer de quelle manière chaque classe se trouve distribuée dans les couches où on les rencontre.

Vous avez déjà pu remarquer que certains lieux paraissent privilégiés pour fournir presque exclusivement telles ou telles espèces qu'on ne trouve point ailleurs, ou qui ne se trouvent nulle part à beaucoup près aussi communes. Nos environs sont dans le premier cas, relativement aux palæotheriums et aux anoplotheriums. On peut citer comme étant dans le second, le val d'Arno, où on a trouvé plus d'ossements de rhinocéros que dans tout le reste de l'Europe ensemble ; le camp des Géants, dans l'Amérique méridio-

male pour les mastodontes à dents étroites,
et dans l'Amérique septentrionale, les bords
de l'Ohio, pour le grand mastodonte.

On explique cette accumulation de débris
d'animaux de même espèce dans un même
lieu, en supposant qu'à l'époque où la mer
a envahi les pays dans lesquels ils vivaient
ils ont tous fui, devant l'inondation, vers les
lieux qui ont été les derniers envahis par elle,
et où ils ont été détruits tous ensemble. Il serait impossible, sans cette considération, de
se rendre raison de la prodigieuse quantité
d'ossements fossiles trouvés à Montmartre,
par exemple, où on ne peut supposer que les
palæotheriums et les anoplotheriums se soient
trouvés par hasard entassés par milliers, avec
les animaux carnassiers, qui, quoique moins
nombreux, s'y trouvent aussi en grande
quantité.

On dira peut-être que ce sont des milliers de
générations qui s'y découvrent successivement. A la bonne heure; mais pourquoi les
mêmes débris sont-ils beaucoup moins nombreux dans toutes les autres plâtrières des environs? Notre hypothèse n'est-elle pas la seule

qui puisse rendre raison de cette surabon-
dance d'ossements fossiles dans une seule colline si peu étendue ? Ces animaux, si différents, qui, effrayés de la grande catastrophe
qui détruisait à la fois tout ce qui jouissait de
la vie, périssent ensemble, quand la nature
les avait destinés à se fuir, ne nous rappel-
lent-ils pas l'ingénieuse fiction du poëte
qui, dans sa description du déluge, nous
représente la brebis fuyant auprès du loup,
qui, dans sa frayeur, n'est plus à craindre
pour elle ?

Tout prouve qu'aux différents âges de l'ancien monde les terres sèches étaient, bien plus
qu'elles ne sont aujourd'hui, séparées en îles,
où les animaux terrestres étaient comme par-
qués. C'est ainsi que, dans toutes les îles un
peu considérables découvertes de nos jours,
on a trouvé une population particulière ; et
si l'homme n'avait pas de tout temps cherché
à transplanter les animaux d'une contrée
dans une autre, on verrait leur séparation
géographique des genres et des espèces bien
plus marquée qu'elle ne l'est : or, l'homme
n'existant pas à ces époques, c'était une rai-

son d'isolement ajoutée à celle de la plus grande division des terres.

Les végétaux fossiles existent en nombre bien plus considérable que les animaux; quelquefois on les trouve disséminés, mais le plus souvent ils sont accumulés en masses si considérables, qu'ils forment, pour ainsi dire, d'immenses roches végétales : telles sont les mines de charbons de terre, qui sont d'une si grande ressource pour fournir des combustibles capables de suppléer à la grande consommation de végétaux que fait l'homme.

Mais si les végétaux fossiles sont en général bien plus nombreux que les animaux, ils sont beaucoup moins bien conservés : les seules parties dont on distingue quelquefois encore les formes sont les tiges et les fruits ; les racines sont extrêmement rares. On trouve aussi quelques feuilles de l'ancien monde, même parmi celles qui ont dû être extrêmement minces.

On a même découvert à Monte-Bolca une fleur dont les formes sont très bien conservées ; elle est déposée au muséum, et c'est la seule qu'on possède. Je ne pourrais décrire

l'impression que m'a fait éprouver la vue de
ce fragile ornement d'un ancien monde détruit depuis tant de siècles.

LETTRE XV.

La masse totale des eaux ayant joué, par ses déplacements, et peut-être par son changement de volume, un grand rôle dans les révolutions du globe, il est important de la considérer principalement sous le point de vue des modifications qu'elle peut apporter à l'ordre actuel des choses par son action journalière ; nous considérerons donc sous ce rapport :

1° L'océan, ou la masse des mers qui sont en communication mutuelle ;

2° Les lacs salés sans issue ;

3° Les courants d'eau douce ;

4° Enfin, la masse des eaux glacées.

L'océan couvre un peu plus des trois quarts de la surface du sphéroïde ; sa forme est très irrégulière, et dépend de la distribution des montagnes et des vallées : son étendue est

plus grande dans l'hémisphère austral que
dans le boréal , et de là on a voulu (mais
sans raison) conclure que peut-être les
deux hémisphères ne pesaient pas également ; assertion que dément positivement la
rotation de la terre, qui ne pourrait subsister
telle qu'elle est si les deux hémisphères n'a-
vaient pas le même poids.

On a cherché à évaluer la profondeur
moyenne de l'océan, et on est arrivé à
des résultats extrêmement variables. Les uns,
en effet, l'ont évaluée à cinq cents mètres ,
tandis que d'autres l'ont portée jusqu'à vingt
mille ; évaluation prodigieusement exagérée,
car toutes les idées théoriques , d'accord avec
les observations récentes les plus soignées,
prouvent qu'on ne doit pas la porter à plus
de sept ou huit mille mètres , c'est-à-dire
environ une lieue et demie ; de sorte que si on
supposait la masse des eaux répandue unifor-
mément sur toute la superficie du sphéroïde
terrestre , elle ne le couvrirait qu'à une distance de cinq mille mètres, ou une lieue.

La masse des eaux diminue-t-elle progressivement, de manière à devoir laisser un jour

notre globe à sec ? augmente-t-elle, au contraire, comme l'ont pensé certains auteurs
qui doivent nous regarder comme menacés
d'un nouveau déluge ? ou bien, enfin, reste-
t-elle à peu près la même dans la suite des siècles, en ne faisant que changer de lit à chaque révolution ? Telles sont, Madame, les
questions importantes et difficiles sur la solution desquelles je vais vous dire le sentiment
des hommes les plus en crédit dans la science.

L'opinion de la diminution progressive des
eaux se trouve principalement répandue dans
les ouvrages des auteurs qui ont reconnu les
traces du séjour de la mer sur les plus hautes montagnes. Ils ne pouvaient guère, en
effet, sur cette simple donnée, avoir d'autre
pensée que celle d'une élévation générale de
la mer au-dessus de tous les continents, sur
lesquels elle avait fait primitivement un séjour long et paisible, jusqu'à ce que, par
suite de causes variables, les sommets des
plus hautes montagnes eussent été mis à découvert.

Cette opinion n'est plus admissible depuis
les nouvelles découvertes qui prouvent que

les différents terrains ont tous été successivement, et à plusieurs reprises, mis à sec
après avoir été couverts par l'océan, puis de
nouveau envahis par lui, après avoir nourri
des animaux terrestres. De pareilles observations, en effet, prouvent d'une manière
trop incontestable que c'est par suite d'un
changement de lit que l'océan a occupé, les
unes après les autres, toutes les parties du
sphéroïde terrestre. Au reste, il faut remarquer que la masse des eaux occupant plus
des trois quarts de la surface du sphéroïde,
il suffirait qu'elles abandonnassent un tiers
seulement des terrains qu'elles recouvrent,
pour envahir tous les continents.

Les partisans de la diminution graduelle
des eaux appelaient, à l'appui de leur opinion, un grand nombre de faits qui paraissent, au premier coup d'œil, prouver en effet
que, même depuis les temps historiques, la
mer a laissé à sec beaucoup de lieux qu'elle
occupait jadis. Ils citaient le port de Fréjus,
autrefois si célèbre pour l'asile qu'il donnait
aux galères des Romains, et qui se trouve aujourd'hui très éloigné du rivage ; celui d'Ai-

gues-Mortes, où saint Louis s'embarqua sur les vaisseaux qui le portèrent en Orient, et qui se trouve également à sec ; celui de Brindisi est dans le même cas ; enfin, la ville de Damiette, située du temps de saint Louis au bord de la mer, en est déjà éloignée de neuf à dix milles d'Italie.

Ils citaient, de plus, un grand nombre de faits semblables, qui, bien qu'attestés par les traditions historiques, ne peuvent pourtant rien prouver; car tous les ports de mer dont nous venons de parler se trouvant situés à l'embouchure de grands fleuves, qui, comme le Nil, la Loire, le Rhône, etc., voiturant beaucoup de sable et de matières terreuses qu'ils déposent sur le rivage, on voit qu'il y a tout lieu de croire que ce n'est pas la mer qui s'est retirée pour laisser son fond à sec, mais ce fond lui-même, au contraire, qui s'est élevé progressivement au-dessus du niveau des eaux; dans un de ces ports même (celui de Brindisi), le travail des hommes a évidemment aidé l'opération de la nature.

La Baltique, seule de toutes les mers, paraît diminuer réellement de profondeur, mais, suivant toute apparence, cette diminu- tion est un phénomène local qui dépend de l'élévation de son fond. Au reste, Madame, on saura vraisemblablement dans peu, à quoi s'en tenir sur ce point, car on a pris au commencement du dix-huitième siècle toutes les précautions possibles pour ne conserver aucun doute. Si, comme tout porte à le croire, c'est réellement le fond de la Baltique qui s'élève, cet effet doit être attri- bué à la même cause que les précédents, c'est-à-dire aux troubles que les fleuves char- rient et qu'ils déposent au fond de la mer.

Mais si rien ne peut légitimer l'opinion de la diminution des eaux de l'océan, leur aug- mentation progressive est encore plus loin d'être prouvée d'une manière satisfaisante, et le peu d'auteurs qui l'ont admise se sont, comme leurs adversaires, appuyés sur des faits réels, il est vrai, mais dont la véritable explication leur était inconnue.

Ainsi, ils rappellent que plusieurs contrées de la basse Égypte, qui sont maintenant au- dessous du niveau de la mer, et que la salure

des eaux rend stériles et inhabitables, étaient
il y a trois mille ans au-dessus de ce même
niveau, et fertiles. On aurait cependant tort
de conclure de ce changement incontestable
que les eaux de la Méditerranée se sont élevées : s'il en était ainsi, cette élévation aurait produit sur toutes ses côtes des effets
trop sensibles pour qu'on eût pu les méconnaître.

Au reste, quand on s'occupe de cette grande
question de l'élévation ou de l'abaissement du
niveau de la mer, il est extrêmement important de se convaincre que celui des continents, bien loin de rester invariable, éprouve souvent des changements considérables,
même dans l'espace de quelques siècles. C'est
ce qui nous est prouvé jusqu'à l'évidence
par l'état dans lequel se trouvent plusieurs
monuments anciens, dont quelques uns paraissent avoir été abaissés ou élevés avec le
sol qui les porte, tandis que d'autres qu'on
retrouve maintenant à moitié engagés dans
la terre, ou s'y sont enfoncés par leur poids,
ou ont été peu à peu entourés par elle, tout
le sol des environs se soulevant, excepté ce-

lui qui se trouvait maintenu dans sa place par la pression que le bâtiment lui faisait éprouver. C'est ainsi que les ruines du tombeau de Théodoric de Vérone, roi des Goths, construit l'an 495 près de Ravenne, en Italie, se sont tellement enfoncées dans la terre, qu'on ne voit plus que la moitié de ce monument gothique, le reste étant caché sous le sol.

Ce fait est d'autant plus remarquable, que ce monument, d'une masse énorme pour sa pesanteur, a certainement été élevé sur des pilotis.

On voit, dans plusieurs endroits de l'Écosse, les restes des murs que les Romains firent construire au 2ᵉ siècle de l'ère chrétienne, et qui coupent ce pays d'une mer à l'autre; mais ils sont aujourd'hui enfoncés dans la terre, et il faut fouiller pour les trouver.

Il en est de même d'un autre mur qu'Adrien fit bâtir en terre vers l'an 125, et qui traversait l'Angleterre depuis Newcastle jusqu'à Carlisle. Il fut, en 432, reconstruit en briques par Aétius, général de l'empire ro-

main, qui lui donna alors huit pieds d'épaisseur sur douze de hauteur.

On peut supposer, avec beaucoup de vraisemblance, que ce mur a été démoli dans les
endroits où l'on n'en trouve plus aujourd'hui
aucun vestige ; mais que doit-on présumer
quand on les voit, dans d'autres endroits,
totalement ensevelis ? Il faut, ou que cette
masse se soit enfoncée sous terre par son propre poids, ou que la terre se soit haussée
au point qu'elle l'ait entièrement recouverte.

Mais quelle que soit celle de ces deux suppositions à laquelle on s'arrête, on doit en
tirer la conséquence qu'on ne peut jamais ob-
tenir aucun point fixe sur les continents pour
apprécier les changements de niveau de la
surface des mers ; car on ne sera jamais sûr
que le rocher, je suppose, sur lequel on
prendra une mesure, ne s'enfoncera pas dans
le sol plus mou sur lequel il peut reposer,
ou bien qu'il ne s'élèvera pas avec le sol lui-
même. Notez, Madame, que, dans l'exemple
que je viens de vous citer des murs bâtis par
les Romains, on ne peut supposer que la culture ait accumulé des débris ou des décom-

bres qui auraient pu les recouvrir ; car c'est
dans des pays tout-à-fait incultes qu'ils ont
ainsi disparu de la surface du sol.

Il est si vrai que ce n'est pas à cette dernière cause qu'on doit attribuer l'effet dont
nous parlons, que des bâtiments plus anciens
que les murs d'Adrien, situés au milieu de
villes commerçantes et de terres cultivées,
n'ont point éprouvé le même effet ; ainsi, à
Nismes, la *Maison carrée*, bâtie sous Au-
guste, paraît subsister encore telle qu'elle
a dû y être construite.

Afin, Madame, que vous n'éprouviez pas
trop de répugnance à admettre ces changements lents et presque insensibles qui, par la
suite des siècles, se trouvent produits à la surface du sol, je vous rappellerai ceux qui,
dans les tremblements de terre, ont lieu
d'une manière si incompréhensible, et dont
je vous ai cité tant d'exemples *. Je n'ai pas
besoin de vous rappeler le fait si extraordinaire arrivé près de Pouzzol, lorsque le
Monte-Nuovo, haut de 2400 pieds, s'éleva

---

* Voyez les notes.

dans une seule nuit. Mais je ne peux m'empêcher de vous citer un fait mieux adapté encore à la question.

En 1571, en Herrefordshire, on vit une étendue de vingt arpents de terre labourée et de prairie, se séparer de la masse commune, et être insensiblement transportée, en trois jours, à 400 pas de distance. Ce qu'il y eut de plus singulier, fut qu'on n'entendit aucun bruit; seulement, lorsque ce terrain ambulant se fut fixé, la terre s'enfla subitement, et il se forma une élévation très considérable.

Il me semble que, pour celui qui fait attention à des faits si singuliers, et d'ailleurs parfaitement constatés, il ne doit plus paraître étonnant que des changements plus considérables aient lieu, à la longue, dans une grande étendue de pays, quoiqu'ils se fassent d'une manière insensible et dans l'espace de plusieurs siècles.

Il est démontré, par exemple, que la surface de l'Italie n'est plus la même que du temps de l'ancienne Rome; c'est ce que prouvent les fameux chemins consulaires, dont une partie encore est si bien conservée.

Le censeur Appius Claudius fit commencer un de ces chemins il y a 2168 ans. Il avait 14 pieds de largeur, et conduisait en ligne droite de *Rome* à *Capoue;* pour le niveler, il fit couper plusieurs montagnes, desquelles on voit encore aujourd'hui celle qu'on nomme *Pisca marina,* près *Terracine :* elle est percée à une hauteur de 200 pieds, et chaque dizaine de pieds est marquée par des lettres romaines. Sur les parois de la montagne, le fond de ce chemin était si ferme, et les pierres étaient si étroitement liées, que dans les endroits où on l'a retrouvé, il est aussi entier, aussi solide que lors de sa construction ; on ne peut pas même faire pénétrer la pointe d'une épée dans les joints de ces pierres : néanmoins, il se trouve actuellement impraticable dans l'étendue de plus de 60 lieues d'Italie, c'est-à-dire depuis *Rome* jusqu'à *Torre-della more;* enfin, il se perd dans les vastes et profonds marais Pontins, desquels il sort tout entier. On peut alors le suivre sans interruption pendant plus de 10 lieues d'Italie jusqu'à *Sainte-Agathe,* où on est obligé de le quitter de nouveau.

Un autre chemin consulaire, nommé *Via Flaminia*, traverse l'Italie depuis *Rome* jusqu'à *Rimini*; il a été construit il y a environ 2000 ans; aussi, dans cet intervalle, a-t-il éprouvé des changements bien considérables. On voit deux inscriptions : l'une sur le pont de *Citta-Castellana*, et l'autre au-dessus de la porte d'une hôtellerie à *Castel-Novo*, qui annoncent que toute la belle partie de ce chemin, depuis *Otricoli* jusqu'à *Castel-Novo*, dans une étendue de plus de 20 lieues d'Italie, a été ensevelie depuis plusieurs siècles. Aujourd'hui, les voyageurs peuvent suivre cette route.

D'après ces observations et plusieurs autres semblables, il y a beaucoup d'apparence que toute l'Italie s'est abaissée vers le milieu, en se haussant ou en retenant sa première situation vers les deux extrémités.

Ce qui a eu lieu en Italie a dû se passer dans toutes les autres contrées de la terre, dont le sol n'a pas sans doute été moins que celui de ce beau pays sujet aux changements de niveau les plus considérables. Cependant, comme l'Italie est bien plus qu'aucune autre

contrée couverte de monuments antiques
dont la situation primitive nous est connue,
on a pu y faire un plus grand nombre d'observations semblables.

Près de Pouzzol, et à 5o toises seulement de la côte, on rencontre les ruines
d'un temple de Sérapis, dont le pavé est
maintenant au niveau de la mer : or il est
extrêmement probable qu'on n'aurait pas
construit un pareil édifice dans un lieu si
bas et si peu éloigné du rivage. Mais ce n'est
pas tout, le terrain sur lequel repose cet
édifice a été envahi par la mer, qui a laissé
sur ses ruines des traces évidentes de son
séjour : on remarque, en effet, sur les murs,
à 6 ou 7 pieds au-dessus du sol, des traces
d'incrustations produites par les eaux; et,
sur trois colonnes qui sont encore debout,
depuis 10 pieds, à partir de la base, jusqu'à
16, on trouve des trous de pholades parfaitement reconnaissables. Notre muséum
possède une des pièces enlevées à ce temple :
elle est d'un très beau marbre, et la coquille
des pholades s'y voit encore dans beaucoup
de trous.

Le sol du temple a donc été, depuis la construction de l'édifice, d'abord enfoncé de manière à être envahi par les eaux, qui y ont séjourné assez long-temps, puis incomplètement relevé, et placé dans la situation où nous le voyons maintenant. Les événements qui ont produit ces changements n'ont dû avoir lieu que depuis la première éruption du Vésuve, jusqu'à l'an 11 ou 1200 de notre ère ; car, depuis cette époque, on a un historique satisfaisant de ce volcan, qui n'est probablement pas étranger à ces changements de niveau.

Toutes les observations de ce genre doivent, ainsi que cette dernière, s'expliquer par des élévations ou des abaissements partiels de terrain, sans qu'il soit possible d'en tirer une conséquence générale ; et il ne faut pas omettre de dire que, dans toutes les vallées tourbeuses, le sol peut être légèrement élevé par l'humidité ou abaissé par le dessèchement.

Quant à l'opinion de ceux qui ont, comme Buffon, supposé un déplacement total et graduel de la mer, d'orient en occident, elle

23

n'est fondée sur aucune observation positive, et par conséquent on ne peut s'y arrêter.

Concluons de tout ceci que rien ne prouve que la masse des eaux ait été autrefois beaucoup plus considérable qu'elle ne l'est aujourd'hui ;

Qu'on a encore moins de raison pour supposer qu'elle augmente ;

Enfin, que sa totalité ne se déplace point constamment dans une même direction.

Il existe pourtant, Madame, une cause qui, quoique assez légère, devrait à la longue opérer, par son action continue, quelques changements dans le lit de l'océan : je veux parler de l'exhaussement que doit produire dans son fond la grande quantité de matières diverses qui s'y précipitent journellement.

Ces matières sont surtout les particules terreuses et salines charriées par les fleuves, et qui forment à leur embouchure les dépôts dont je vous parlais tout à l'heure. Il était curieux de calculer la quantité de ces matières, connues sous le nom de *troubles*, et on est parvenu à des résultats approximatifs qui paraissent assez satisfaisants.

On sait quelle quantité d'eau chaque fleuve verse, terme moyen, dans la mer pendant un temps déterminé, et on connaît de plus quelle proportion de troubles il charrie.

Le Pô, le plus pur de tous, n'en contient qu'une partie sur cent soixante-dix ; le Nil, une sur cent trente-deux ; et le Rhin, seul, donne une sur cent. La Seine contient un cent-vingtième de matières étrangères ; et comme on a calculé qu'il passe sous le Pont-Royal dix millions de mètres cubes d'eau par jour, on voit qu'il y passe quatre-vingt mille mètres de troubles, qui sont tous les jours déposés dans la mer. Des calculs semblables, faits sur les autres fleuves, ont conduit à admettre que la somme des matières étrangères charriées par les fleuves dans la mer pouvait être suffisante pour élever son fond de cinq centimètres par an, c'est-à-dire de cinq mètres par siècle.

Vous voyez, Madame, que c'est bien peu de chose, relativement à la masse entière des eaux ; car la profondeur de l'océan étant, comme j'ai eu l'honneur de vous le dire, de 7 à 8,000 mètres, il faudrait 1,000 ou 1200 siècles, c'est-à-dire de 100 à 120,000 ans, pour combler le lit de l'océan tout entier. Au surplus, tous ces résultats reposent sur des données si incertaines, que ce serait une folie que de leur attacher une grande importance.

Une autre cause d'altération pour les eaux de la mer et d'élévation pour son fond consiste dans les produits organiques qui s'y déposent. Cette cause serait extrêmement puissante, si la mer nourrissait des habitants dans toutes les parties de sa masse ; mais tout porte à croire qu'il n'en est pas ainsi.

Il ne faut pas, en effet, s'enfoncer à une grande profondeur dans la mer, pour être soumis à une pression que ne pourrait supporter aucun corps organisé vivant. Le défaut de lumière présente encore un autre obstacle au développement des corps organisés dans l'océan ; car la lumière ne pénètre pas au-delà de 40 à 50 pieds, et elle est indispensable à la vie. Ajoutons à cela que, la température de l'eau s'abaissant à mesure qu'on s'éloigne de sa surface, elle devient bientôt trop froide pour que la plupart des corps marins puissent y vivre.

Ce refroidissement graduel, dont on ne peut révoquer en doute la réalité, a conduit quelques auteurs à penser que le fond de la mer devait être glacé; mais il est impossible d'admettre cette supposition, puisque la glace, étant plus légère que l'eau, viendrait nécessairement flotter à sa surface.

On a souvent répété que certains zoophytes pierreux (les polypes lithophites) avaient une grande influence sur l'exhaussement du fond de la mer, et on les a présentés comme capables, par leur entassement, de produire des îles considérables à sa surface, d'augmenter les continents, et même, comme c'est principalement dans les régions équatoriales qu'on les rencontre, comme menaçant d'élever sous l'équateur un cercle solide qui s'opposerait à la navigation.

Dans un mémoire lu tout récemment à l'institut, un naturaliste distingué (M. Quoy) a montré l'illusion de ces assertions exagérées; il a fait voir que ces zoophytes ne

' Genre d'animaux plantes dont les coraux font partie

s'élèvent point, comme on l'a cru, des plus grandes profondeurs de l'océan, et qu'ils ne commencent jamais leurs travaux que sur des rochers dont le sommet est voisin de la surface des eaux. Ils exhaussent ces rochers de 20 ou 30 pieds tout au plus ; mais c'est assez pour former des écueils dangereux pour les navigateurs.

Il n'est pas possible, comme vous le pensez bien, Madame, d'aller dans la mer examiner positivement à quelle profondeur s'établissent ces animaux ; mais l'étude des anciennes formations marines qui font aujourd'hui partie de nos continents a suppléé à ce qui ne pouvait être prouvé par l'observation directe. M. Quoy a constaté que les encroûtements de nos continents, formés dans l'ancienne mer, n'atteignent que très rarement une élévation de 15 ou 20 pieds ; dans un seul lieu, ils se sont élevés jusqu'à 30 : on peut, au reste, presque toujours, avec un peu d'attention, découvrir la base primitive sur laquelle les polypes avaient construit lorsqu'ils étaient sous les eaux.

Ajoutons, comme une autre cause de l'exhaussement du fond de la mer, l'action continuelle des vagues sur ses rivages, qu'elles minent insensiblement, et dont les débris s'y précipitent. Les parties pierreuses y sont agitées par les flots, qui, émoussant leurs arêtes et détruisant leurs angles, leur donnent la forme arrondie propre à tous les corps qui ont été roulés dans un liquide. Ces cailloux, roulés par leur masse, forment les grèves qui servent de barrière à la mer et limitent son action. Si je vous parle de ce phénomène, c'est seulement pour en faire mention, car son influence relativement à l'élévation du fond de l'océan est tellement locale et bornée, qu'on peut la négliger entièrement.

Les volcans sous-marins nous offrent une troisième cause réelle, quoique moins importante, puisqu'elle est accidentelle et locale, de l'exhaussement du fond de l'océan.

Les lacs salés sans issue sont d'une importance beaucoup moins grande que l'océan. Le plus étendu est la mer Caspienne, qui a 300 lieues de longueur, sur 50 environ de largeur; les autres le sont beaucoup moins. Quant à leur ancienneté, ils ont dû commencer après la dernière révolution du globe.

Leur degré de salure varie beaucoup. La mer Morte est, sous ce rapport, très remarquable : elle contient jusqu'à un quart de matières salines. Ces lacs peuvent nous servir à comprendre la formation des dépôts salins qu'on trouve dans l'intérieur de la terre. Supposons, en effet, que la température vienne à augmenter subitement dans les lieux où ils sont situés; il en résultera une évaporation considérable, qui pourra les mettre à sec ; et les parties salines, qui ne s'évaporent pas, resteront seules au fond de leur bassin. Si, plus tard, de nouvelles eaux viennent déposer sur ces bassins des troubles qui forment des terrains au-dessus, il en résultera un dépôt de sels gemmes semblables à ceux que nous trouvons dans plusieurs parties de l'écorce minérale.

On a fait jouer aux lacs répandus sur le globe un rôle très important relativement aux grandes inondations qui ont couvert les différentes parties des continents. Supposons la masse des eaux à peu près telle qu'elle est maintenant, quant à sa quantité, mais disposée d'une manière différente ; c'est-à-dire qu'au lieu d'être presque entièrement rassemblée dans l'océan, elle se trouve divisée en une grande quantité d'amas considérables, placés sur des plateaux à différentes hauteurs. Par la suite des temps, un des lacs supérieurs rompra la digue qui le retient, et ses eaux, débordant sur les terrains inférieurs, produiront une inondation qui restera sur ces lieux jusqu'à ce que quelqu'une des digues inférieures venant à se rompre aussi, il en résulte une seconde irruption de l'eau.

L'eau, dans ce système, aurait continué de descendre de la même manière, pour ainsi dire, d'étage en étage, jusqu'à ce que la masse entière du liquide eût été réunie dans la partie la plus basse, pour y former l'océan tel que nous le voyons maintenant.

La difficulté n'est pas de répondre à ceux qui douteraient que la rupture d'une seule digue eût pu occasioner des effets aussi importants que paraissent l'avoir été les déluges successifs; car, outre qu'on peut supposer les lacs supérieurs aussi immenses qu'on voudra, on pourrait toujours imaginer que l'irruption de nouvelles eaux déterminera la rupture d'une digue inférieure, et ainsi de suite, de manière à avoir la quantité d'eau nécessaire pour les effets prouvés.

Mais il n'est pas aussi facile, dans ces idées, de rendre raison du très long séjour que les eaux ont certainement fait, à différentes reprises, sur toutes les parties du globe, et qu'il est impossible d'expliquer par un simple passage des eaux des lacs supérieurs, quelque lent qu'on le suppose.

Les eaux douces, beaucoup moindres par leur volume que les eaux salées, exercent pourtant sur le globe une influence sensible. Les particules étrangères que les fleuves charrient, se déposant peu à peu sur leur fond, l'exhaussent assez promptement; et si on n'a pas soin de les contenir par des digues, ils débordent bientôt sur les pays voisins, et finissent par changer entièrement de lit : c'est ce qui serait arrivé depuis long-temps pour le Pô, par exemple, si on n'avait pas pris les précautions nécessaires pour le retenir toujours dans le même lit.

M. Prony, chargé par le gouvernement d'examiner les moyens à opposer aux dévastations que pourraient causer les crues de ce fleuve, a reconnu que, depuis l'époque où on l'a enfermé de digues, il a tellement élevé son fond, que la surface de ses eaux est maintenant plus haute que les toits des maisons de Ferrare. Grâce à ces atterrissements, le rivage a gagné, à son embouchure, plus de 6,600 toises depuis l'année 1604; ce qui fait 150, 180, et, en quelques endroits, 200 pieds par an.

Il en est de même, comme nous l'avons vu, pour tous les fleuves; tous, à leur embouchure, déposent sur le rivage une si grande quantité des troubles qu'ils charrient, que bientôt, le terrain se trouvant considérablement élevé, la mer ne peut plus le couvrir.

Si l'industrie des hommes ne s'opposait pas à la marche des choses, les terrains d'alluvion (c'est ainsi qu'on appelle ceux qui sont déposés par le cours des fleuves) se formeraient sur une beaucoup plus grande étendue; car, aussitôt que le fond d'un fleuve serait assez élevé pour porter ses eaux au-dessus des terrains environnants, ces eaux s'y répandraient, et il se formerait une nouvelle couche, qui s'accumulerait jusqu'à ce que son élévation déterminât encore un nouveau changement de lit. Mais quand, pour prévenir les ravages que causent les débordements, on leur oppose des digues qui fixent le cours du fleuve, la couche devient de plus en plus épaisse, et on en vient à avoir des fleuves suspendus assez haut au-dessus des terrains environnants. C'est ainsi qu'en Italie l'Adige menace, comme le Pô, de se répandre sur les pays voisins, et qu'il faudra nécessairement lui ouvrir un nouveau lit dans les parties basses sur lesquelles elle a déjà coulé autrefois.

Le Rhin et la Meuse menacent de même les plus riches cantons de la Hollande.

Les atterrissements le long des côtes de la mer du Nord se forment avec la même rapidité dans le pays de Groningue. On sait positivement qu'en 1570 des digues furent construites devant la ville, et que, 100 ans après , on avait déjà gagné trois quarts de lieue en dehors de ces travaux. Les villes de Rosette et de Damiette , bâties au bord de la mer il y a moins de mille ans , en sont maintenant à plus d'une lieue.

La marche des atterrissements , et le plus ou moins de rapidité avec laquelle se déposent les terrains d'alluvion , sont très importantes à noter , car elles fournissent des données précieuses pour calculer, d'une manière approximative , l'époque à laquelle peut remonter l'ordre actuel des choses. Or , il est très remarquable que tous les phénomènes naturels , d'accord avec les traditions historiques et religieuses , se réunissent pour prouver qu'il ne peut exister depuis plus de 5 ou 6 mille ans. Relativement aux fleuves dont je viens de vous parler , par exemple , il est constant que , d'après les données obtenues, il a fallu assez peu de temps au Pô et à l'Adige pour former les terrains d'alluvion qui les entourent.

Les lacs d'eau douce nous présentent les mêmes phénomènes d'élévation de leur fond, et conduisent à la même conséquence ; car on

en voit qui reçoivent des cours d'eau qui ne
peuvent manquer d'exercer une influence
assez forte sur l'élévation de leur fond, et
qui seraient certainement comblés si la dernière révolution qui a déterminé la forme actuelle de nos continents remontait à une époque plus reculée.

Toutes les hautes montagnes ont leur sommet couvert de glaces éternelles, qui proviennent de la fonte des neiges. Ces amas,
connus sous le nom de glaciers, s'étendent
plus ou moins vers la base de la montagne;
et leur propre poids les faisant descendre
au-dessous de leur niveau naturel, elles sont
fondues par l'action de la température plus
élevée qui règne vers le pied de la montagne.
L'eau, en fondant, abandonne les parties terreuses qu'elle retenait, et en forme les dépôts qu'on désigne sous le nom de murèmes.

Comme la formation des murèmes dépend
de causes périodiques et à peu près constantes, il n'est pas très difficile d'évaluer
quel temps a dû être nécessaire pour leur
donner le volume qu'on leur connaît; et,
comme elles datent certainement du com-

mencement de l'ordre actuel, elles fournissent un nouveau moyen d'arriver à une connaissance approximative du temps qui s'est écoulé depuis le dernier cataclysme.

Cette évaluation conduit encore au même résultat, et nous donne 5 à 6,000 ans tout au plus pour l'âge de notre monde. Les glaciers, dans certains lieux, sembleraient même ne demander qu'un temps beaucoup moins considérable; mais cela tient à des circonstances locales, telles que l'existence de cours d'eau qui, tombant des montagnes, lavent les murèmes et entraînent au loin leurs débris.

Ce serait peut-être ici le lieu de vous parler des glaces perpétuelles qui couvrent le sommet de toutes les hautes montagnes, et de celles qui, probablement, depuis le commencement de l'ordre des choses, entourent les deux pôles dans une étendue égale au moins au dixième de la surface du globe terrestre; mais, comme je me propose de m'étendre un peu sur ce sujet dans ma prochaine lettre, je me contenterai de vous indiquer qu'elles n'offrent rien qui ne s'accorde avec l'opinion qui ne donne pas au monde plus de cinq ou six mille ans.

Les calculs qu'on peut faire sur les dunes conduisent au même laps de temps. On sait en effet de combien (terme moyen) elles s'avancent par siècle et même par année. On sait que, du côté de Bordeaux, leur marche est de 60 à 70 pieds par an, et que si on ne leur opposait aucun obstacle, il ne leur faudrait que 2,000 ans pour arriver à cette ville ; d'après leur étendue actuelle , il doit y en avoir un peu plus de 4,000 qu'elles ont commencé à se former.

Ce qu'il y a de plus curieux , c'est que les traditions historiques de tous les peuples s'accordent d'une manière singulièrement frappante avec ce résultat constant. La Genèse est certainement l'un des plus anciens livres qui existent, et on ne peut guère lui refuser 3,300 ans d'antiquité : Moïse, son auteur, vécut long-temps avec son peuple en Égypte, c'est-à-dire chez une des nations le plus anciennement civilisées, et il ne fait pas remonter le déluge à plus de 15 ou 1,800 ans avant l'époque où il écrit. Or on ne doit pas supposer qu'il ait, contre la propension ordinaire, cherché à rajeunir l'espèce humaine ; la vanité de son peuple, qui connaissait les traditions égyptiennes, se serait déclarée contre lui.

Bérose, qui écrivait à Babylone au temps d'Alexandre, parla du déluge comme Moïse, et il le place immédiatement avant Bélus, père de Ninus.

Les Védas, ou livres sacrés des Indiens, ont été composés à peu près dans le même temps que la Genèse (1,500 ans avant Jésus-Christ), et ils font aussi remonter la révolution dont ils parlent à 1,500 ans.

Les Guèbres parlent du même désastre comme ayant eu lieu à la même époque.

La Chine nous fournit, sur le déluge, des documents plus positifs encore ; car Confucius (qui vivait près de 2,000 ans avant Jésus-Christ) commence l'histoire de ce pays par un empereur nommé Iao, qu'il représente comme occupé à faire écouler les eaux qui, s'étant élevées *jusqu'au ciel, baignaient encore le pied des plus hautes montagnes, couvraient les collines moins élevées, et rendaient les plaines impraticables.*

24.

La seule science qu'on a prétendu fournir des renseignements contraires à ceux dont nous venons de parler est l'astronomie; elle nous apprend en effet qu'il y a près de 3,000 ans les Chaldéens et les Indiens avaient la connaissance de la longueur de l'année, ainsi que des mouvements relatifs de la lune et du soleil. Mais qu'y a-t-il dans ces connaissances qui contredise l'opinion de la nouveauté de l'ordre actuel ? Qu'on considère les progrès immenses que l'astronomie a faits en quelques siècles, depuis Copernic, et on ne sera plus étonné que le temps pendant lequel ils ont pu travailler ait suffi pour donner quelques connaissances élémentaires d'astronomie à des hommes si favorisés dans l'étude de cette science, par leur genre de vie et la pureté du ciel sous lequel ils vivaient. Au surplus, quand il serait demontré que l'astronomie avait, à cette époque reculée, fait des progrès qui demandaient plus de 2,000 ans d'observations suivies, en pourrait-on conclure autre chose, si ce n'est que le peu d'hommes échappés à la destruction générale avaient conservé les connaissances astronomiques acquises avant le déluge, et les avaient transmises à leurs descendants ? C'est ce que suppose dans son histoire de l'astronomie le célèbre Bailly, qui explique très bien par cette hypothèse l'identité des noms donnés aux 12 signes du zodiaque, par des peuples entre lesquels on ne peut guère supposer que des communications antérieures à la dernière grande catastrophe.

La même hypothèse rend aussi raison de l'état de l'astronomie chez les anciens, qui paraissent avoir possédé plutôt les débris de cette science que ses éléments, puisqu'on trouve dans l'histoire de leurs connaissances, conjointement avec les notions qui demandent les recherches les plus profondes, une ignorance des faits les plus simples, qu'on ne pourrait supposer chez un peuple qui aurait eu la gloire d'être l'inventeur de la science.

Toutes les eaux des pluies ne sont pas destinées à couler à la surface de la terre ; une partie pénètre dans la croûte minérale, et forme les eaux de sources, qui en sortent ensuite à des températures variables. Ces cours d'eau intérieurs agissent mécaniquement, en déplaçant certaines parties des couches les plus meubles ; ils jouent aussi un rôle dans les phénomènes volcaniques, quoique ce rôle soit, comme nous l'avons vu précédemment, beaucoup moins important qu'on ne le suppose d'ordinaire, puisqu'ils ne servent qu'à fournir, par la décomposition de leurs principes, les parties gazeuses qui sortent du cratère.

Quelques sources rencontrent, dans la terre, des dépôts salins, et se chargent de leurs principes, qu'ils rapportent à la surface. Ils lavent donc peu à peu ces dépôts ; aussi les sources d'eau salée sont-elles sujettes à s'altérer, et voit-on souvent leur degré de salure diminuer graduellement.

Quand les eaux pénètrent très profondément dans la croûte minérale, elles contractent la température élevée qui règne dans les profondeurs de la terre, et plusieurs sources s'échauffent assez pour conserver, même en sortant à la surface du sol, une température voisine de l'eau bouillante : on en rencontre plusieurs en Irlande qui sont dans ce cas. Telle est l'origine des eaux thermales, qu'on remarque le plus ordinairement dans les pays volcaniques, mais qui se rencontrent pourtant quelquefois bien loin des volcans brûlants. Presque toujours les eaux qui descendent assez bas pour devenir thermales rencontrent différentes matières, sulfureuses ou autres, dont elles se chargent, et deviennent ainsi minérales.

Ce qui prouve combien les eaux thermales pénètrent profondément, c'est le peu d'influence qu'ont, sur leur écoulement, les plus grandes sécheresses ; elles continuent de couler dans des cas où toutes les sources ordinaires sont taries.

Presque toutes les sources sortent de la terre à une température supérieure à celle du climat dans lequel on les rencontre, parceque presque toutes proviennent de cours d'eau qui pénètrent plus ou moins profondément dans les terres. Quant à celles qui descendent des montagnes, elles sont, au contraire, plus froides, à cause qu'elles conservent toujours un peu de la température des lieux d'où elles viennent.

Il n'entre pas dans mon sujet de vous parler

en détail des sources ou amas d'eau souterrains plus ou moins singuliers pour la température ou toute autre circonstance; je me
contenterai de vous dire, relativement aux
glacières naturelles qui se rencontrent dans
quelques cavernes, qu'elles sont ordinairement produites par l'existence de dépôts de
sels, au travers desquels l'eau qui tombe
dans ces cavernes est obligée de passer, et
qui la refroidissent jusqu'à la température
de la glace [*].

Les eaux des pluies sont presque les seules
qui concourent à la formation des sources;
car celles de l'océan et des grands lacs ne
pénètrent guère dans l'intérieur des terres,
le fond des mers ne pouvant pas offrir les
fentes et les crevasses qui se trouvent sur le
sol des continents, et qui, si elles ont existé
primitivement, n'ont pu manquer d'être
bientôt comblées par les troubles qui se déposent dans les eaux, et qui ont comme luté
leur fond. Aussi tout ce qu'on a dit des in-

---

[*] Si on mêle ensemble du sel et de la neige, on obtient une
température capable d'opérer la congélation du mercure, c'est-à-
dire un froid de plus de 35 degrés au-dessous de la glace.

filtrations à de très grandes distances est-il purement hypothétique et inventé par les auteurs de systèmes pour soutenir leurs idées.

Il existe dans le comté de Cornouaille, paroisse Saint-Just, une mine de cuivre dont les travaux ont été poussés jusqu'à 600 pieds sous la mer. Les ouvriers n'étaient, à cette distance, séparés des flots que par une épaisseur d'une trentaine de pieds. Lorsque la mer était agitée, elle produisait dans ces souterrains un tel bruit et un tel ébranlement, que les ouvriers, se croyant quelquefois menacés d'être submergés, cherchaient leur salut dans la fuite. Mais ce qu'il y a de remarquable dans ces travaux sous-marins, c'est qu'on était très peu incommodé par les eaux : le peu qu'il y en a est généralement salé, ou au moins un peu saumâtre.

On a lieu de faire la même remarque relativement à toutes les autres mines dont les travaux ont été ainsi poussés jusque sous la mer.

LETTRE XVI.

L'atmosphère affecte une forme sphéroïdale, et entoure notre globe jusqu'à une hauteur qu'on peut évaluer à 60,000 mètres, ou 12 lieues; du moins c'est à cette hauteur qu'elle n'exerce plus de réfraction.

Si la température augmente rapidement à mesure qu'on enfonce dans l'intérieur du sphéroïde terrestre, elle diminue avec une vitesse non moins grande quand on s'élève dans les régions supérieures de l'atmosphère. Cette diminution est si rapide, que le sommet de toutes les montagnes un peu élevées est couvert de neiges perpétuelles. Le point d'élévation où les neiges commencent à se former dans les différentes parties du globe est très intéressant, parcequ'il indique à quelle hauteur il faut s'élever, dans chaque région, pour arriver à la température de la glace.

D'ailleurs, les sommets des hautes montagnes pouvant être considérés comme des réservoirs que la nature s'est ménagés pour y conserver, à l'état solide, l'eau qui alimente les fleuves, je crois qu'il est à propos que je m'arrête un instant à vous en parler. Il me semble d'autant plus nécessaire de le faire, que les glaciers, par les conséquences qu'on a voulu tirer de leur accroissement prétendu, jouent un grand rôle dans toutes les hypothèses où l'on admet le refroidissement progressif de la terre.

Un naturaliste suisse (Grouner), heureusement placé pour étudier ces montagnes, a donné la description la plus exacte, non seulement des glaciers de son pays, mais encore de tous ceux que des voyageurs recommandables ont observés avec soin dans toutes les parties de la terre. C'est de son travail que je vais profiter *.

La neige tombée du ciel et reçue sur les sommets élevés et froids est le principe et l'origine de tous les glaciers. Cette neige, dans les jours d'été les plus chauds, se fond

* Descriptions des glacières de la Suisse.

et coule dans des lieux plus bas, où elle se gèle durant les nuits; enfin dans les vallons qui se trouvent au pied des glaciers bien au-dessous du niveau où se maintiennent les glaces perpétuelles, il se forme, dans l'hiver, des amas de glace qui, par leur immense volume, rafraîchissent assez l'atmosphère pour résister aux chaleurs des étés les plus chauds.

Il faut donc distinguer, 1° les monts de neige et de glace; 2° les vallons de glace (situés au-dessous des monts, mais à des hauteurs encore assez considérables pour que la congélation de l'eau y ait lieu naturellement); 3° les glaciers formés au-dessous de ces masses par la fonte des neiges et leur *regel* en glaces qui cheminent et suivent les pentes. Ces derniers, qui ne sont que les prolongements des seconds, prennent mille formes différentes, suivant les dispositions des lieux qui leur servent de lit.

Je vais vous parler successivement de ces trois sortes de glaciers.

1° « Sur les plus hautes cimes des Alpes, dont les têtes se perdent dans les nues, et où la neige ne fond qu'un peu à sa surface, est une neige pure, accumulée de siècle en siècle, abaissée, comprimée, et dont une partie de l'humidité a été emportée par les vents. Dans les heures les plus chaudes de quelques beaux jours de l'été, la surface en est un peu fondue. Cette superficie regèle aussitôt dans la nuit, et forme une croûte ferme et solide. Tel est le premier genre des glaciers : on pourrait les appeler *monts neigés.* »

Souvent cette neige, endurcie, forme comme une calotte, et couvre un mont qui paraît un sommet isolé ; quelquefois aussi c'est une suite de cônes énormes qui, à différentes hauteurs, offrent des pointes toujours blanches : ce sont les pointes mêmes des rochers qui servent de base et d'appui aux neiges dont ils sont couverts.

Dans le circuit de ces montagnes coniques, il y a d'autres fois des pentes douces ou des espèces d'appendices et de plate-formes en terrasses couvertes de neige, où elle fond et regèle. L'eau des sommets s'y épanche aussi et s'y congèle ; ce qui couvre ces lieux d'une masse composée de couches alternatives de neige et de glace. Grouner appelle ces pentes douces et ces terrasses des *champs de glace.*

Passons au second genre de glaciers.

Entre les monts dont je viens de vous parler, il y a des intervalles ou des vallons qui sont plus élevés que les sommets inférieurs, et au-dessus d'un niveau où fondent naturellement les neiges. Aussi ces vallons sont-ils toujours remplis de la neige qui y tombe dans toutes les saisons de l'année. Cependant, les rayons du soleil, dans les longs jours d'été, réfléchis par les *monts neigés,* fondent la surface de cette neige, qui regèle pendant la nuit. Voilà une croûte de glace sur laquelle il va tomber de la neige nouvelle à quelques jours de là; car il ne pleut jamais sur ces vallons. Par ces alternatives, il se forme à la longue un amas considérable de neige compacte et de glace opaque qui en élève considérablement le fond. Si cette masse est soutenue et comme encaissée tout autour, il ne peut y avoir d'écoulement que par-dessous, au travers des fentes des rochers et dans les vides de l'intérieur des montagnes; si le vallon se comble jusqu'à une certaine issue ou une gorge, l'écoulement extérieur de l'eau produite par la neige fondue commence à se faire sur ce débouché.

Quelques uns de ces vallons offrent, en été, une surface unie comme celle d'un lac gelé, où les yeux éblouis se perdent dans l'étendue de quelques lieues : on en a vu un qui avait jusqu'à 14 lieues sans interruption.

D'autres présentent plusieurs irrégularités : tantôt des avalanches ou lavanges de neige tombent des sommets environnants, et, grossis pendant leur chute, ils viennent former un monticule considérable sur la surface plane de la glace inférieure. La chaleur du soleil les arrondit et leur donne mille formes diverses; mais il suffit d'un été un peu chaud pour les faire fondre, et changer ainsi totalement l'aspect du vallon qui les supportait. Voilà pourquoi les descriptions faites d'une année à l'autre de l'aspect de ces vallons se ressemblent si peu. Tantôt la neige, poussée par les vents lorsqu'elle tombe du ciel, ou enlevée des sommets supérieurs, se dispose par gradins ou par petites élévations qui ont quelque sorte de régularité. On croirait alors voir les ondes d'un lac agité par une furieuse tempête, et qui auraient été subitement surprises et endurcies par une congélation soudaine et simultanée.

Le soleil d'un été chaud efface, sur les Alpes, tous ces objets brillants, et on ne trouve plus, l'année suivante, qu'un spectacle totalement changé et des formes différentes qui annoncent l'ébauche de nouveaux glaciers, de nouveaux vallons, de nouveaux champs de glace et de nouveaux lacs.

Telles sont, Madame, les causes bien simples données par Grouner aux changements éprouvés par les glaciers du second ordre, sur lesquels on avait fait, avant lui, mille hypothèses bizarres.

Quelquefois les masses énormes des vallons de glace, légèrement déplacées par un grand dégel, et se trouvant porter à faux, se fendent avec un grand bruit, qui, répété mille fois par les échos des montagnes, frappe de surprise et d'admiration les voyageurs ou les paysans du voisinage. Plus d'une fois ces fentes ont servi de tombeau aux voyageurs et aux chasseurs imprudents. Il est remarquable

que très souvent 12, 24 ou 36 heures après
le moment où les malheureux ont disparu
dans une de ces fentes, on retrouve leur cadavre très bien conservé et rejeté sur la glace
dans le même lieu ; ce qu'on ne peut attribuer
qu'à des courants qui circulent sous la croûte
solide, et qui ont un cours réglé. Au reste, on
voit très souvent, dans les fentes, l'eau liquide
qui reste constamment à cet état sous la glace.

2° Les glaciers du troisième genre, qu'on
peut nommer *vallées* ou *amas de glaces qui
cheminent,* méritent peut-être plus que les
deux autres le nom de *glaciers,* puisqu'ils
sont uniquement formés par le regel de l'eau
qui coule des monts neigés et des champs
de glace. Aussi la glace qui les compose est-
elle beaucoup plus semblable à celle qu'on
trouve partout en hiver que celle des glaciers
supérieurs ; car cette dernière, quoiqu'on
la désigne partout sous le nom de glace, mé-
riterait peut-être aussi bien le nom de neige
durcie, ou plutôt formée par un mélange de
glace rendue opaque par la grande quantité
de matières terreuses qu'elle renferme et de
neige très dure et très comprimée. Elle n'a

guère de commun avec la neige et la glace ordinaire que d'être de l'eau à l'état solide. Elle est poreuse et extrêmement dure ; mais elle n'est point transparente, quoique Aristote ait cru qu'elle pouvait se changer en un véritable cristal.

Puisque je vous parle de la dureté de la glace, permettez-moi de vous rappeler que, dans les régions où le froid est rigoureux et long-temps soutenu, elle parvient à un degré dont on se ferait difficilement une idée. Vous avez peut-être mille fois entendu parler de la salle construite à Saint-Pétersbourg avec de la glace : elle était longue de 52 pieds, large de 16, et haute de 20. On fit plus : on tailla avec la même substance six pièces de canon ; on les tira à 60 pas sur une planche épaisse de 2 pouces, qui fut percée de part en part, et les canons n'éclatèrent pas. Ceux qui seraient entièrement étrangers à la physique seraient peut-être plus surpris encore d'apprendre qu'on a construit avec de la glace polie et transparente des miroirs ardents qui ont produit presque autant d'effet que ceux de métal.

Je ne m'arrêterai point, Madame, à vous décrire les différents accidents que les localités peuvent produire dans la forme, l'apparence et la disposition réelle du troisième genre de glaciers ; car il ne vous sera pas difficile de vous figurer comment, par suite de la diversité d'exposition au soleil, des parties, garanties par l'ombre des montagnes, restant intactes, tandis que d'autres, plus basses, sont fondues par l'ardeur de ses rayons, il en résulte ces arcs de glace éclatants que l'on contemple avec admiration d'une vallée inférieure. Quelquefois des causes semblables produisent des escarpements, des coupes presque verticales, de véritables murs de glace qui descendent fort bas, et même dans des vallées profondes.

Dans d'autres lieux, on admire une multitude de quilles énormes qui se trouvent à l'extrémité des vallées, et surtout vers leurs débouchés dans une vallée inférieure ; ce sont quelquefois comme des stalactites cylindriques ou pyramidales formées par l'eau qui tombe des lieux plus élevés, et que le froid a saisie à l'instant où elle a touché la glace.

Dans les Alpes les glaces se maintiennent perpétuellement à une hauteur de 1500 toises au-dessus du niveau de la mer; dans les Andes, au Pérou, à 2434; sur le pic de Ténériffe, le terme inférieur constant de la neige est 2800 toises. Si on va vers le nord, au contraire, le terme inférieur se trouve plus bas : en Norwége, on trouve les glaces à 600 toises ; en Laponie, elles descendent jusqu'au pied des montagnes, et plus loin, sous le pôle, tout est glacé.

Vous pouvez bien penser, Madame, que les montagnes couvertes de glaces perpétuelles deviennent de plus en plus communes, à mesure qu'on se rapproche des pays les plus voisins du pôle, quoique, dans ces régions, les montagnes soient beaucoup moins élevées que vers l'équateur.

En Norwége, les sommets de toutes les montagnes un peu élevées sont couverts de glaciers qui ressemblent, plus qu'en aucun autre lieu, à ceux des Alpes.

La Suède a aussi des monts couverts de glaces perpétuelles, d'où sortent de grandes rivières.

Les montagnes d'Islande présentent le même phénomène; mais elles offrent une circonstance bien remarquable, qui consiste en ce que ce ne sont pas les sommets les plus élevés qui conservent leurs glaces toute l'année, ce qui tient à des circonstances locales qui ne sont pas assez bien déterminées.

Quelques uns de ces monts sont tout à la fois des glaciers et des volcans. L'Hécla est le plus célèbre de tous : quand il vient à s'enflammer, les glaces du sommet se fondent, et il en résulte des torrents qui se précipitent sur les campagnes, les inondent, et détruisent les villages qui se trouvent sur leur passage. Vous avez pu voir tout récemment, dans les journaux, les détails donnés sur une éruption récente de ce volcan, qui paraissait vomir avec les flammes les pierres et les glaces qu'il lançait au loin.

Les autres volcans de l'Islande sont beaucoup moins célèbres que l'Hécla, parceque leurs éruptions ont été jusqu'ici beaucoup moins fréquentes. Deux de ces derniers, quoiqu'ils soient très élevés, n'ont point de neige à leur sommet, ce qu'on peut attribuer à la chaleur que leur sol conserve constamment. Dans une contrée qui paraît si éminemment volcanique, il me semblerait raisonnable de supposer que cette singularité, qui fait que des montagnes très élevées sont exemptes des neiges qu'on rencontre sur d'autres qui le sont moins, doit être attribuée aux feux souterrains, qui, bien qu'ils ne fassent pas d'éruption, ont cependant assez de force pour fondre des amas de glace.

C'est également à la chaleur interne du sol que j'attribuerais les changements de lieu des glaces, qui, dans l'Islande, sont sujettes à se déplacer.

Une chose qui vous étonnera sans doute, et qui tient peut-être à la même cause, c'est que le climat de l'Islande est moins froid que celui de la Suisse; car si les étés y sont moins chauds, les hivers y sont moins rudes: de sorte qu'on y jouit d'une température beaucoup plus égale.

La Laponie offre un spectacle plus effrayant. On y trouve des marais et des lacs toujours glacés jusqu'à leur fond. Presque toute la terre y est absolument impropre à la culture.

Les côtes orientales et occidentales du Groënland sont couvertes de pyramides énormes et de masses de glace inaccessibles, mais surtout les côtes orientales, qu'aucun navigateur n'a pu approcher.

Partout où on a pu pénétrer dans le pays, on n'a vu que des montagnes entièrement couvertes de neige. Dans tous les endroits qui ne sont pas trop escarpés, on n'y a vu que des vallées comblées par les glaces. Au plus fort de l'été, la neige fond un peu du côté du nord, derrière les brisants de la côte et les petits golfes; mais, du côté du midi, elle est toujours ferme.

La terre la plus voisine du pôle qui nous soit connue est le Spitzberg; elle est inhabitée et inhabitable : les montagnes pointues dont elle est hérissée lui ont fait donner le nom qu'elle porte. Elles sont couvertes de glace depuis leur sommet jusqu'à leur pied, et il s'en élève des vapeurs si froides, qu'il est impossible de les supporter. Quand le soleil les éclaire, elles paraissent brillantes comme des flammes.

Les pôles sont très probablement recou-

verts d'une couche très épaisse de glace
qui ne fond jamais. Nous ne pouvons avoir
aucun détail sur cette partie inabordable
pour nous ; mais nous connaissons mieux
la formation des glaces annuelles ; et, à
cet égard, il faut bien distinguer les glaçons spongieux flottants peu considérables,
des plaines ou champs de glace qui offrent
une surface solide beaucoup plus durable.
La superficie n'en est pourtant pas formée
par la mer, puisque des navigateurs, pris
au milieu de ces glaces, assurent que leur
fonte donne de l'eau douce. Il est à croire que
cela tient à ce que la partie superficielle a été
formée par la fonte des neiges, qui, tombant
sur une première couche d'eau salée conge-
lée, se seront d'abord fondues, puis glacées.

Les grandes montagnes de glace sont beaucoup plus durables ; elles paraissent remonter
à une haute antiquité, et appartiennent au
pôle même. Leur épaisseur est souvent de
100 à 120 mètres, et leur saillie au-dessus du
niveau commun est de 15 à 20 mètres.

Ce qu'il serait surtout important de constater, relativement à toutes les espèces de

glaciers, ce serait leur augmentation ou leur diminution ; car on pourrait en tirer des inductions très plausibles sur l'abaissement ou l'élévation de température dans les régions où ils sont situés. Or, si les hypothèses de Leibnitz, de Buffon et d'un grand nombre de naturalistes étaient fondées, les glaciers devraient augmenter d'une manière sensible d'un siècle à l'autre. Dans leurs idées, en effet, les glaces qui doivent envahir un jour tout le globe, ont déjà gagné une partie considérable de sa surface ; elles occupent, sous l'équateur même, tout ce qui s'y trouve élevé à 2400 toises au-dessus du niveau de la mer. Dans les régions brûlantes de l'Afrique, on commence à les trouver à 2000 toises ; elles s'approchent davantage du sol, à mesure qu'on s'éloigne de la zone torride. Sur les Alpes, elles ne sont qu'à 1500 toises du sol ; en Norwège, elles ne s'élèvent pas à plus de 600 ; dans le Groënland, dans la Laponie, elles s'étendent jusqu'au fond des vallées presque au niveau de la mer ; enfin, plus loin vers le pôle, tout est glace. Dans l'autre hémisphère, les glaces paraissent beaucoup plus tôt encore, de sorte qu'elles occupent déjà plus d'un dixième de la surface entière du globe; et, tandis qu'elles s'avancent ainsi d'une manière effrayante des pôles vers les régions tempérées, elles descendent également du haut des montagnes, et devenues, par leur masse énorme, une nouvelle cause de refroidissement, elles resserreront de plus en plus le règne de la vie, jusqu'à ce qu'elles le fassent disparaître entièrement de la surface du globe.

Ceux qui se livrent à ces sinistres idées croient pouvoir donner des faits positifs à l'appui de leurs opinions. Dans les régions polaires, disent-ils, bien des passages, autrefois parcourus par des navigateurs même assez récents, sont maintenant impraticables, à cause des glaces qui les obstruent. Les mêmes effets, selon eux, se remarquent sur nos montagnes les plus élevées, où l'on voit, disent-ils, les glaciers gagner de siècle en siècle, et presque d'année en année descendre vers leur pied, et envahir, dans leur marche lente mais sûre, les champs, les prairies et les villages.

Relativement aux Alpes, particulièrement dans la Suisse, il est certain que les glaces ont gagné, depuis quelques années, d'une manière assez sensible.

Dans le bailliage d'Ueterlaken, les neiges se sont emparées de quelques intervalles de montagnes où il y avait des pâturages, et elles ont obstrué entièrement un chemin qui conduisait au-delà dans le Valais. Un petit village, dont le nom était Sainte-Pétronelle, a disparu, et les glaces couvrent le terrain où étaient ses habitations.

Comme les Alpes sont les montagnes à glace les plus voisines de nous, et les mieux observées, on a été très porté à généraliser ces effets de peu d'importance, et qui probablement ne seront pas durables.

En effet, la tradition et quelques documents historiques apprennent que les glaciers de la Suisse dont il est ici question se sont élevés pendant environ un siècle, et ont gagné du terrain horizontalement ; mais que, durant d'autres années, ils ont diminué en hauteur et en étendue. Ainsi, l'on ne peut pas douter qu'il n'y ait une compensation ou des retours d'effets qui doivent rassurer les habitants voisins de ces lieux.

Il est certain, par exemple, que dans le temps même où les glaces ont gagné d'un côté, elles ont perdu de l'autre. Un magnifique portail de glace, d'où sortait un ruisseau abondant, et qui brillait parmi les glaciers du Grendelwaldt, a disparu entièrement.

Quant aux passages qu'on a reconnus, dans les régions polaires, être, depuis peu, devenus impraticables, en supposant qu'on ne doive rien mettre sur le compte de la moindre habileté ou de la timidité des derniers navigateurs, on peut raisonnablement penser que c'est accidentellement qu'une plus grande quantité de glace s'y est trouvée rassemblée, et qu'un été plus chaud suffira pour les rendre aussi libres qu'ils ont pu l'être auparavant. La raison veut donc qu'on n'envisage pas les choses sous le triste point de vue, adopté par des hommes d'un talent supérieur il est vrai, mais qui ont raisonné beaucoup plus sur des suppositions que sur des faits.

Au lieu de voir dans les glaciers les tristes effets d'une cause destructrice qui aurait

déjà fait disparaître la vie dans une partie
considérable du globe, il est plus philoso-
phique de les considérer comme le moyen
que la nature a employé, dans beaucoup de
lieux, dès le commencement des choses,
pour se procurer d'immenses réservoirs propres à devenir la source des fleuves, qui, s'en
échappant en grandes masses, et qui traver-
sant une étendue considérable pour se rendre
à la mer, rafraîchissent et fertilisent les campagnes de tous les pays qu'ils parcourent.

Il est constant que ces amas de glace conservent les eaux qui servent à l'entretien des
sources de ces grands fleuves qui arrosent
une grande partie de l'Europe, où l'on man-
querait d'eau sans cette ressource de la nature. Supposez, Madame, un instant que
les glaciers des Alpes n'existent pas, en
les supprimant nous ôterons à cinq grands
fleuves, à un grand nombre de moyens, et à
une infinité de ruisseaux permanents, leur
source intarissable ; car l'eau qui tombera en
pluie sur ces montagnes, si elles sont moins
élevées, s'écoulera aussitôt pour produire
des inondations désastreuses, ou sera dissi

pée en vapeurs : mais les neiges et les glaces
la fixent, l'accumulent, la maintiennent, et,
ne la laissant s'écouler que peu à peu et
d'une manière permanente, la mettent dans
la disposition la plus propre à fertiliser les
campagnes qu'elles traversent pour se rendre
dans la mer.

On a calculé qu'à Paris il suffisait de s'é-
lever à 1,800 mètres pour trouver une température de 2° seulement au-dessus de la glace;
à 18,000 on trouverait un froid de 82°, c'est-
à-dire plus que double de celui qu'on peut
produire par les moyens artificiels les plus
efficaces, et qui suffisent pour congeler le
mercure ; à 120,000 mètres, il ferait un froid
égal à 300°, et qui passe tellement tout ce
que nous pouvons produire, qu'on ne conçoit
pas qu'aucun corps pût le supporter : aussi
c'est à cette hauteur qu'on suppose que l'atmosphère se termine nettement.

C'est à ce froid qu'est due la formation des
nuages, qui ne sont autre chose que la con-
densation de la vapeur aqueuse qui se trouve
dans l'air; comme cette vapeur est d'un tiers
plus légère que l'air, elle tend continuelle-

ment à s'élever, et monterait indéfiniment, si, à une certaine hauteur, le froid ne la condensait et ne la ramenait à l'état liquide. Dans cet état, elle reste quelque temps suspendue et forme les nuages, puis elle retombe sous la forme de pluie; de sorte qu'aucune particule d'eau n'est perdue par suite de l'évaporation.

Il n'en est pas de même relativement au calorique à l'arrivée et à la sortie duquel l'atmosphère ouvre sans cesse un libre passage. La transmission du calorique qui nous est lancé par le soleil se fait directement par voie de rayonnement, mais celle qui a lieu, au contraire, de la terre dans l'espace environnant se fait et par le même moyen et par le déplacement de chaque molécule, qui aussitôt qu'elle est échauffée, s'élève indéfiniment.

Elle a lieu aussi, mais très peu, par la transmission lente de molécule à molécule.

Le second mode de refroidissement, celui qui se fait par le déplacement successif des molécules échauffées, est le plus important, non seulement à cause qn'il est incontestable, mais encore par l'influence qu'il exerce sur la production des vents. En effet, si une masse d'air un peu considérable se trouve simultanément échauffée, elle s'élèvera dans l'atmosphère, et les couches voisines se précipitant pour prendre sa place, il en résultera un vent plus ou moins soutenu, etc.

La terre perd-elle plus de calorique qu'elle n'en reçoit, ou bien, au contraire, en reçoit-elle plus qu'elle n'en perd? C'est une question du plus haut intérêt, et qui ne me paraît pas encore suffisamment résolue; l'opinion générale parmi les géologues est que le globe se refroidit. Quoique ce soit d'une quantité bien lente et presque inappréciable, l'astronomie fournit pourtant un moyen de l'évaluer. En effet, la longueur de l'année étant déterminée par la révolution de la terre autour du soleil, si notre globe se refroidit, cette révolution doit être plus rapide, et la longueur de l'année doit diminuer. Or, on connaît quelle était cette longueur du temps d'Hipparque, célèbre astronome, qui, il y a deux mille ans, a dressé des tables très exactes d'astronomie. Il résulte de ces tables que de son temps, le jour était plus court qu'il ne l'est maintenant, de $\frac{1}{300}$ de seconde décimale, c'est-à-dire $\frac{1}{30000}$ de minute, dont on en compterait 100 à l'heure; quantité réellement inappréciable. Le sphéroïde terrestre perd encore du calorique par les eaux thermales, qui en amènent sans cesse à sa surface, et surtout par les éruptions volcaniques.

Quoi qu'il en soit de cette observation, qui concourt avec quelques autres à établir le refroidissement du globe, il me semble qu'il reste sur ce sujet plus d'une question intéressante à discuter. Il paraît en effet prouvé que plusieurs pays étaient autrefois soumis à une température beaucoup moins élevée que celle qui y règne aujourd'hui. La France et l'Allemagne sont dans ce cas; car il n'est pas possible de douter que, dans ces deux pays, le climat ne soit beaucoup plus tempéré maintenant, qu'il n'était du temps des Romains.

C'est ce qui est prouvé par la description qui nous en reste, par la nature des plantes qui, comme la vigne, y prospèrent mainte-

nant, et qui ne pouvaient y croître dans ce
temps-là, et par la différence même qui en
est résultée relativement à l'espèce humaine.
Qui ne sait que les anciens Germains étaient
d'une stature et d'une force dont les Alle-
mands ne peuvent aujourd'hui nous donner
une idée ; leur aspect effrayait les armées romaines, qui supportaient si difficilement la
dureté de leur climat.

On explique cette différence par l'influence qu'a dû exercer sur la température le
défrichement des forêts qui couvraient notre
pays, et qui ont fait place aux champs cul-
tivés ; mais peut-être est-ce accorder beaucoup à cette cause, que de la regarder
comme ayant produit la différence dont nous
parlons.

Au surplus, on ne peut alléguer les mêmes
raisons pour l'Italie, qui dès lors était aussi
bien cultivée au moins qu'elle peut l'être
maintenant ; et pourtant Horace, dans une
de ses odes où il peint les rigueurs de l'hiver,
parle du mont Socrate, *dont le sommet est
blanchi par les neiges*, et des forêts *fatiguées
du poids des glaces dont elles sont couvertes.*

Certainement aujourd'hui l'Italie ne lui fournirait pas l'occasion de faire de pareils tableaux; je le répète, il me semble qu'il serait intéressant de continuer de semblables recherches, autant que possible, pour tous les pays connus depuis les temps anciens : peut-être arriverait-on par cette voie à une opinion différente de celle qui est aujourd'hui dominante.

Le baromètre prouve que le poids d'une colonne d'air, depuis la terre jusqu'à la plus haute élévation de l'atmosphère, équivaut à celui d'une colonne semblable d'eau de dix mètres de hauteur ; le poids total de l'atmosphère est donc égal au poids d'une masse d'eau suffisante pour entourer le sphéroïde terrestre à dix mètres d'élévation. Par conséquent, si l'air se condensait et tombait liquide sur la terre, il n'augmenterait que d'un cinq centième la masse des eaux actuellement existante, et on voit de plus que son volume n'est que d'un millième de celui du sphéroïde.

L'atmosphère, considérée comme agissant sur la mer et sur la terre, joue un rôle assez important : outre les actions chimiques qu'il exerce sur la masse des eaux en leur cédant une partie de l'air sur-oxigéné , qui entre dans sa composition, et sur la terre par la décomposition des minéraux , il agit mécaniquement en enlevant les corps secs et légers pour les transporter au loin ; c'est lui qui forme les dunes , et change ainsi la surface entière de plusieurs contrées ; c'est lui qui, soulevant les vagues de la mer , est la cause première de l'action qu'elle exerce sur les rivages. Il renferme de plus la cause des phénomènes électriques qui détruisent si fréquemment le sommet des hautes montagnes.

Les plus étonnants produits de l'atmosphère sont ces pierres qui tombent assez fréquemment à la surface de la terre, sans qu'on ait pu jusqu'ici indiquer d'une manière satisfaisante leur mode de formation ou leur origine.

L'histoire fait mention de pluies de pierres qui, dès l'antiquité la plus reculée, avaient frappé d'étonnement ceux qui en avaient été témoins. Tite-Live, Pline, et plusieurs autres écrivains , en citent des exemples positifs.

On n'en a jamais douté dans le moyen âge ; et Cardan, particulièrement, parle d'un phénomène semblable, qui eut lieu en 1510. Sur 1,200 pierres tombées il y en avait, suivant lui, une du poids de 120 livres et une autre de 60.

Ce n'est que dans le dernier siècle que la difficulté d'expliquer la chute des pierres de l'atmosphère a conduit nos physiciens à nier absolument un phénomène sur lequel ils auraient dû, tout au plus, suspendre leur croyance : mais, loin d'apporter cette sage réserve dans leur décision, ils ont pendant long-temps repoussé, avec le plus dédaigneux mépris, tout ce qu'on leur a présenté sur ce sujet.

Cependant, les observations se multipliaient, et les hommes qui avaient vu ces pierres, qui avaient failli être écrasés par leur chute, ne purent se résoudre à croire, sur l'assurance des savants, qu'ils n'avaient rien vu, entendu, ni senti de ce que leurs sens leur avaient appris. Les faits, d'ailleurs, se répétèrent si souvent dans la dernière moitié du 18e siècle, qu'il est inconcevable qu'on n'y ait pas fait plus d'attention. Il y eut des exemples bien constatés de chute de pierres en Bohême en 1753, et près de Paris en 1768, à Sienne en 1794, il en tomba dans deux endroits de l'Europe en 1796; deux ans après le même phénomène fut observé à Confaté, à Bénarès, etc.

Ce qui aurait dû surtout convaincre nos savants de la réalité du phénomène qu'ils ne voulaient pas admettre, c'est que toutes ces pierres étaient étrangères au sol où on les rencontrait; qu'elles étaient entièrement différentes de toutes celles que les physiciens et les chimistes connaissaient jusque là ; enfin, qu'elles avaient entre elles les plus grands caractères de ressemblance, bien que recueillies à des époques très différentes et dans des lieux très éloignés : ajoutez à cela que les témoins s'accordaient sur les circonstances accessoires; tous les avaient vues tomber de l'atmosphère dans un temps d'éclairs, et surtout dans l'explosion de ces météores lumineux dont la production accompagne souvent les orages, un grand nombre d'entre elles avaient été ramassées encore chaudes.

Enfin, l'évidence des faits a triomphé de toutes les préventions, et la chute des pierres de l'atmosphère n'est plus contestée aujourd'hui. Ce qui a surtout contribué à vaincre l'obstination des plus incrédules, c'est l'existence d'un métal qui s'y trouve à l'état natif, et qu'on n'a jusqu'ici jamais rencontré au même état dans aucun corps. Cette preuve, qui ne pouvait être appréciée que par les chimistes, devait avoir par cela même plus de poids sur leur conviction, puisque les témoignages sur ce point étaient nécessairement donnés par des gens instruits; et que d'ailleurs tous les chimistes qui pouvaient se procurer de ces pierres étaient portés à vérifier par eux-mêmes leur composition intime.

L'existence du phénomène étant une fois reconnue, vous pensez bien, Madame, que les mêmes savants, qui d'abord ne voulaient pas l'admettre, parcequ'ils ne le comprenaient pas, n'ont pas manqué d'en proposer des explications qui leur paraissaient très claires.

L'un d'eux, niant l'origine aérienne de ces

pierres, suppose qu'elles sont seulement mises à découvert, et tirées de terre par le voisinage de la foudre. Mais d'où la foudre les tirerait-elle, s'il est vrai qu'on n'en rencontre nulle part de semblable à la surface de la terre ni dans son intérieur? Il faudrait pourtant qu'elles se trouvassent à quelques pouces ou tout au plus de profondeur. Et par quelle singularité ne se montreraient-elles jamais à la surface du sol, que quand le tonnerre viendrait les y chercher?

Des raisons semblables s'opposent à ce qu'on leur attribue une origine volcanique; car les parties constituantes qui entrent dans leur composition n'ont aucune espèce de rapport avec les produits rejetés par les volcans sur quelque point de la terre que ce soit.

Frappés de l'extrême ressemblance qui nécessite qu'on donne à toutes ces pierres une origine commune, et convaincus de l'impossibilité de la leur assigner sur aucun point de la terre, MM. de la Place et Biot (deux de nos savants les plus distingués, je vous en avertis) ont pensé que, pour lever toute difficulté, il n'y avait rien de plus commode que de les faire venir de la lune, en supposant qu'elles nous sont lancées par quelques uns des volcans qui brûlent à la surface de notre satellite.

Ces messieurs ne manquent pas de raisons, ou au moins de raisonnements, pour appuyer leur opinion; car, calculant d'après le petit volume de la lune (qui n'est que le 32ᵉ de celui de la terre) qu'elle ne doit exercer qu'une attraction 32 fois moindre sur les corps qui sont à sa surface; faisant entrer aussi le peu de résistance que peut présenter l'atmosphère de la lune, qui doit être extrêmement rare, ils sont arrivés, si je ne me trompe, à cette conclusion, qu'il suffirait qu'une pierre fût lancée de la surface de la lune avec une force égale au double tout au plus de celle qu'un canon de fort calibre donne à son boulet, pour qu'il sortît de la sphère d'attraction du satellite, qu'il entrât dans celle de notre planète, et tombât infailliblement à sa surface.

Quelque étrange que vous paraisse cette explication, il faudra pourtant que vous l'adoptiez, car je n'en connais pas de meilleure;

à moins , cependant que vous ne préfériez la
suivante : vous connaissez au moins de nom
le gaz hydrogène, qui sert depuis peu à
éclairer une partie de Paris; c'est un gaz
transparent comme l'air, tout-à-fait inodore
quand il est pur, et si léger qu'il l'est 14 ou
15 fois plus que l'air que nous respirons.
Imaginez donc, Madame, que ce gaz, dans
le travail des volcans, ou de toute autre manière, ait dissous les métaux qui entrent dans
la composition des pierres de l'atmosphère,
(le fer et le nickel) que , chargé de ces molécules métalliques, il s'élance dans les régions
supérieures, où nous supposerons qu'il y en a
toujours une quantité prodigieuse, qui, vu
son excès de légèreté sur l'air commun, s'y
rend à mesure qu'il est dégagé des corps qui le
renferment sur la terre. « Un orage survient,
l'hydrogène s'enflamme, et fait apercevoir
quelques uns de ces météores lumineux dont
l'existence , d'après les traditions constantes,
paraît devoir précéder la formation des pierres; le gaz, en brûlant, abandonne le métal
qu'il a dissous, et réduit celui qui était à l'état
d'oxide; la chaleur vive produite en ce mo-

ment fond le métal, et l'attraction moléculaire le rassemble en masses plus ou moins grosses qui, tombées sur la terre, conservent quelque temps une partie de la chaleur développée dans leur formation. »

Si vous admettez tout cela, Madame, vous aurez une explication des pierres tombées du ciel. Pour moi, j'aime encore mieux les supposer formées dans la lune : c'est plus tôt fait, et cela me paraît plus joli.

Si je vous ai parlé de ces pierres, ce n'est pas, comme vous pouvez croire, qu'elles puissent être comptées pour quelque chose dans l'ensemble des produits dont se compose l'é-corce minérale ; mais comme elles présentent le plus singulier des phénomènes qui se rattachent à l'étude de l'atmosphère, j'ai pensé qu'il pourrait vous être agréable d'en entendre parler dans cette lettre, que je terminerai par l'examen d'une question qui se rattache plus essentiellement aux objets dont je vous ai entretenue jusqu'ici.

Aucun indice ne nous montre que l'air ait, dans la suite des temps, éprouvé une modification appréciable, malgré la respiration continuelle des animaux et des végétaux ; mais, dans les époques antérieures aux temps historiques, l'air existait-il, et était-il déjà ce qu'il est aujourd'hui ? Il n'est pas bien difficile de répondre à cette question , dont la solution pourrait, au premier aspect , paraître si embarrassante. Il est en effet certain qu'il existait déjà une atmosphère lorsque la consolidation de la première écorce minérale a eu lieu ; ce qui le prouve, c'est l'existence d'animaux et de végétaux fossiles dans les dernières couches de cette écorce ; de plus , ces animaux et ces végétaux étaient pourvus d'une organisation à peu près semblable à celle des animaux et des végétaux qui vivent maintenant à la surface de la terre : donc l'atmosphère, après la consolidation du sol primordial , devait ressembler à celle d'aujourd'hui.

FIN.

NOTES.

NOTE I.

TABLEAU

DU COMMENCEMENT, DE LA FIN ET DE LA DURÉE DE L'EXISTENCE DE LA NATURE ORGANISÉE DANS CHAQUE PLANÈTE, SUIVANT BUFFON.

Date de la formation des Planètes, 74,832 ans.

COMMENCEMENT de la formation des PLANÈTES.		FIN de la formation des PLANÈTES.	DURÉE absolue.	DURÉE à dater de ce jour.
V⁰ Satellite de Saturne.	5161	47558	42389	0
La Lune.	7890	72514	6424	0
Mars.	15685	60326	55641	0
IV⁰ Satellite de Saturne	18399	76525	58126	1693
IV⁰ Satellite de Jupiter	23730	98696	74966	23864
Mercure.	26053	187765	161712	112933
La Terre.	35983	168123	132140	93291
III⁰ Satellite de Saturne	37672	156658	118986	81826
II⁰ Satellite de Saturne				
1er Satellite de Saturne	40373	167928	127655	93096
Vénus.	44067	228540	184473	163708
Anneau de Saturne. . .	56396	177568	121172	102756
III⁰ Satellite de Jupiter	59483	247401	187918	173569
Saturne.	62906	262020	199114	187188
II⁰ Satellite de Jupiter	64496	271098	206602	196266
1er Satellite de Jupiter	74724	311933	237249	237141
Jupiter.	125623	483121	367498	

TABLEAUX

DES PÉRIODES DES TEMPS DE REFROIDISSEMENT DE LA TERRE ET DES PLANÈTES, D'APRÈS BUFFON.

N° 1.

REFROIDIES de manière à pouvoir en toucher la surface sans se brûler.	REFROIDIES à la température actuelle de la terre.
La Terre. . . . . . en 52911 ans.	En . . . . . . 74832 ans.
La Lune. . . . . en 15452	En 16409
Mercure. . . . . en 23054	En 54191
Vénus. . . . . . . en 46674	En 91643
Mars. . . . . en 12873	En 28538
Jupiter. . . . . . en 108922	En 240451
Saturne . . . . . en 59276	En 130821

N° 2.

REFROIDIES à la température actuelle.	REFROIDIES à 1/25ᵉ de la température actuelle.
La Terre. . . . . en 74832 ans.	En . . . . . 16812 ans.
La Lune. . . . en 16409	En 72513
Mercure. . . . en 54192	En 187765
Vénus. . . . . . en 91643	En 228640
Mars. . . . . . . en 28538	En 60528
Jupiter. . . . . . en 240451	En 483121
Saturne . . . . . en 130821	En 262020

NOTE II.

TREMBLEMENT DE TERRE DE LISBONNE, DU 1ᵉʳ NOVEMBRE 1755.

(Détails adressés à un des membres de la société royale de Londres, par M. Wolfall, chirurgien ; extraits des *Transactions philoso-phiques* *.)

Lisbonne, ce 18 novembre 1755.

Si vous avez d'autres correspondants ici, ils seront sans doute en état de vous donner une relation plus satisfaisante du terrible accident qui vient de détruire cette ville; mais si vous n'en avez pas, le détail que le trouble de mes esprits pourra me permettre de vous en faire vous sera sans doute plus agréable que les rapports incertains que

---

* Une agitation extraordinaire dans les eaux, sans aucun mouve-ment sensible sur la terre, ayant été observée en différents endroits de l'Angleterre, tant dans l'intérieur des terres que sur le bord de la mer, le même jour, et principalement vers le temps où les plus vio-lentes commotions de la terre et des eaux affectèrent un si grand nombre de parties du globe très éloignées l'une de l'autre, la so-ciété royale reçut un grand nombre de lettres, dans lesquelles sont détaillés les phénomènes de cette agitation dans les différents endroits où l'on s'en aperçut.

vous trouverez dans les papiers publics. Tout ce que je puis prétendre à présent, c'est de vous communiquer une histoire simple et sans parure, et c'est ce que je vais faire avec candeur et vérité.

Il est peut-être nécessaire de vous dire d'abord que, depuis le commencement de l'année 1750, nous avons eu beaucoup moins de pluie qu'à l'ordinaire; on n'en avait jamais moins vu, de mémoire d'homme, jusqu'au printemps dernier, qui donna la pluie nécessaire pour produire des récoltes très abondantes. L'été a été plus frais que de coutume, et, pendant les derniers quarante jours, le temps a été très clair et très beau, sans cependant qu'il y eût rien de remarquable à cet égard. Le premier de ce mois, vers les neuf heures quarante minutes du matin, une très violente secousse de tremblement de terre se fit sentir; elle parut durer environ un dixième de minute, et en ce moment toutes les églises et les couvents de la ville, avec le palais du roi et la magnifique salle d'opéra, qui était attenante, s'écroulèrent; en un mot, il n'y eut pas un seul édifice considérable qui restât debout: environ un quart des maisons particulières eurent le même sort; et, suivant un calcul très modéré, il y périt environ 30,000 personnes. Le spectacle funeste des corps morts, les cris et les gémissements des mourants à demi ensevelis dans les ruines, sont au-delà de toute description ; la crainte et la consternation étaient si grandes, que les personnes les plus résolues n'osèrent rester un moment pour écarter quelques pierres de dessus l'individu qu'elles aimaient le plus, quoique plusieurs eussent pu être sauvés par ce moyen : mais on ne pensa à rien autre chose qu'à sa propre conservation. Le moyen le plus probable était de gagner les places découvertes et le milieu des rues. Ceux qui étaient dans les étages supérieurs furent en général plus fortunés que ceux qui tentèrent de s'échapper par les portes ; car ceux-ci furent ensevelis sous les ruines, avec la plus grande partie des gens qui passaient à pied. Ceux qui étaient dans des équip·ges s'en tirèrent le mieux, quoique les cochers et les chevaux fussent très maltraités ; mais le nombre des personnes écrasées dans les maisons et dans les rues ne fut pas comparable à celui des gens qui furent ensevelis sous les ruines des églises : comme c'était un jour de grande fête, et à l'heure de la messe, elles étaient toutes très pleines. Or, le nombre des églises est ici plus grand qu'à Londres et à Westminster ensemble ; les clochers, qui étaient fort élevés, tombèrent presque tous avec les voûtes des églises, en sorte qu'il ne s'échappa que peu de monde.

Si la misère eût fini là, elle aurait pu se réparer à certain point; et quoique les vies ne pussent être rendues, les richesses immenses qui étaient sous les ruines auraient pu en être retirées en partie : mais toute espérance est presque perdue à cet égard ; car, environ deux heures après le choc, le feu se manifesta en trois différents endroits de la ville ; il était occasioné par les feux des cuisines, que le bouleversement avait rapprochés des matières combustibles de toute espèce. Vers ce temps aussi un vent très fort succéda au calme, et anima tellement la violence du feu, qu'au bout de trois jours la ville fut réduite en cendre. Tous les éléments parurent conjurés pour nous détruire : aussitôt après le choc, qui fut à peu près au temps de la plus grande élévation des eaux, le flot monta dans un instant quarante pieds plus haut qu'on ne l'avait jamais observé, et se retira aussi subitement. S'il n'eût pas ainsi rétrogradé, la ville entière serait restée sous l'eau.

Aussitôt que nous eûmes le temps de réfléchir, la mort seule se présenta à notre imagination.

Premièrement, la crainte que le nombre des corps morts, la confusion générale, et le manque de bras pour les enterrer, ne donnassent naissance à une maladie contagieuse était très alarmante ; mais le feu les consuma, et prévint ce mauvais effet.

Deuxièmement, la crainte de la famine était terrible ; car Lisbonne est le magasin à blé pour tout le pays à cinquante milles à la ronde. Cependant quelques uns des greniers furent heureusement sauvés ; et quoique dans les trois jours qui suivirent le tremblement de terre une once de pain valût une livre d'or, il devint ensuite assez abondant, et nous fûmes délivrés de la disette.

La troisième grande crainte était que la classe vile du peuple ne prît avantage de la confusion pour tuer et voler le petit nombre de ceux qui avaient sauvé quelque chose. Cela arriva jusqu'à un certain point ; sur quoi le roi ordonna qu'on dressât des gibets tout autour de la ville, et après environ une centaine d'exécutions, dans lesquelles se trouvèrent compris quelques matelots anglais, le mal fut arrêté.

Nous sommes encore dans un état de perplexité ; nous avons essuyé jusqu'à vingt-deux secousses différentes depuis la première, quoique aucune n'ait été assez violente pour renverser les maisons qui ont échappé au premier choc. Mais personne n'ose encore coucher dans les maisons ; et quoique nous soyons généralement exposés aux injures de l'air, faute de matériaux pour faire des tentes, et quoiqu'il ait plu pendant quelques nuits, j'observe que les personnes les plus délicates souffrent ces incommodités avec aussi peu d'inconvénients que les plus saines et les plus robustes. Tout est encore pour nous dans la plus grande confusion imaginable ; nous n'avons ni vêtements, ni meubles, ni argent pour en tirer d'ailleurs.

Toute l'Europe est intéressée dans la perte immense d'argent et de marchandises qu'a causée cette catastrophe : mais aucune nation n'y a autant perdu que la nôtre. Il y a eu peu d'Anglais tués en comparaison des autres étrangers, mais un grand nombre ont été blessés ; et ce qui ajoute à leur infortune, c'est que, quoique nous soyons ici trois chirurgiens anglais, nous ne pouvons les soulager, faute d'instruments, de bandages et d'appareils.

Deux jours après le premier choc, il y eut des ordres de creuser pour chercher les corps ; et on en a retiré un grand nombre qui sont revenus à la vie. Je pourrais rapporter des exemples de rétablissements très extraordinaires. En un mot, c'est une chose merveilleuse que nous ne soyons pas tous perdus. J'étais logé dans une maison où habitaient trente-huit personnes, il ne s'en est sauvé que quatre. Huit cents périrent dans la prison civile ; douze cents dans l'hôpital général ; dans un grand nombre de couvents qui contenaient chacun quatre cents personnes, il n'en est échappé aucune. L'ambassadeur d'Espagne a péri avec trente-cinq domestiques. Il serait trop long d'entrer dans de plus grands détails, car je n'ai eu que par hasard le papier sur lequel j'écris, et un mur de jardin me sert de pupitre.

Il arriva heureusement que le roi et la famille royale étaient à Bélime, maison royale à une lieue de la ville. Le palais du roi dans la ville s'écroula à la première secousse ; mais les habitants du pays assurent que le bâtiment de l'inquisition fut renversé le premier. La secousse s'est fait sentir dans toute l'étendue du royaume ; mais plus particulièrement le long des côtes. Faro, Saint-Ubalds, et quelques unes des grandes villes commerçantes, sont dans une situation encore pire, s'il est possible, que Lisbonne, quoique la ville de Porto ait entièrement échappé.

Il est possible que la cause de tous ces désastres soit venue du fond de l'océan occidental ; car je viens de converser avec un capitaine de vaisseau qui paraît un homme de grand sens, et qui m'a dit qu'étant à cinquante lieues au large il éprouva une secousse si violente, que le pont de son vaisseau en fut très endommagé. Il crut s'être trompé dans son estime, et avoir touché sur un rocher : il fit mettre aussitôt sa chaloupe à l'eau pour sauver son équipage ; mais il parvint heureusement à amener son vaisseau , quoique très endommagé , jusque dans le port.

Du 22 novembre. — 'ai omis dans ma dernière lettre une circonstance essentielle , savoir le temps de la durée du tremblement de terre, qui fut de cinq à sept minutes. Le premier choc fut extrêmement court; il fut suivi, avec la vitesse d'un éclair , de deux autres secousses ; et l'on a généralement fait mention des trois ensemble comme d'une seule. Vers midi, il y en eut une seconde ; j'étais alors dans le parvis du palais du roi ; j'eus l'occasion de voir les murs de plusieurs maison qui étaient encore debout s'ouvrir , du haut en bas , de plus d'un pied , et se refermer si exactement qu'il ne restait aucune marque de séparation.

Depuis ma dernière lettre , il est tombé quelques pluies très fortes , et nous n'avons essuyé depuis quatre jours qu'un seul choc peu considérable *.

* Le tremblement de terre qui renversa Lisbonne se fit sentir, non seulement dans les pays circonvoisins, mais encore dans des lieux très éloignés. La société royale de Londres reçut des lettres de toutes parts à ce sujet. On les trouvera dans le même tome XLIX des *Transactions philosophiques,* année 1755 , pag. 398 , 413 et sui-vantes.

NOTE III.

TREMBLEMENT DE TERRE A LA JAMAÏQUE, EN 1692.

(Extrait des *Transactions philosophiques* *.)

I. Le terrible tremblement de terre qui arriva le 7 juin 1692, entre onze heures et midi, renversa et noya les neuf dixièmes de la ville de Port-Royal en deux minutes de temps, et tout ce qui était du côté du quai en moins d'une minute. Très peu de personnes y échappèrent. Je perdis tout ce qui était chez moi, gens et effets. Mon épouse et deux hommes, madame B*** et sa fille. Il ne se sauva qu'une servante blanche. La maison s'enfonça verticalement ; elle est maintenant à plus de 3o pieds sous l'eau. J'étais parti avec mon fils le même matin pour Liguania ; le tremblement de terre nous surprit à notre retour à mi-chemin entre cette place et Port-Royal, et nous fûmes sur le point d'être engloutis par la mer, qui s'était élevée avec une extrême rapidité à six pieds au-dessus de son niveau ordinaire, sans qu'il fît le moindre vent. Nous nous

* Ces paragraphes numérotés sont de différentes mains.

sauvâmes, forcés de retourner à Liguania, où je trouvai toutes les maisons entièrement abattues, et où il ne restait d'autre abri que les huttes des nègres. La terre continue (le 20 juin) d'être agitée cinq à six fois dans les vingt-quatre heures, et souvent elle tremble. Une grande partie des montagnes est tombée, et tombe journellement.

II. Nous avons éprouvé une nouvelle calamité depuis le grand tremblement de terre (car nous en avons journellement de petits). Presque la moitié des personnes qui échappèrent au Port-Royal sont mortes depuis d'une fièvre maligne, causée par le changement d'air, le manque de maisons sèches, de logements chauds, de remèdes convenables, et d'autres commodités nécessaires. Le 3 septembre 1692.

III. Une grande partie du Port-Royal est englou-tie. Celle où étaient les quais est maintenant à quelques brasses dans l'eau. Toute la rue où était l'église est submergée au point que l'eau est à la hauteur du dernier étage des maisons qui sont restées debout; la terre, en s'ouvrant, engloutit des personnes qui reparurent dans d'autres rues, quelques unes au milieu du port, et qui cependant furent sauvées, quoique dans le même temps il périt environ 200, tant blancs que noirs. Du côté du nord plus de 1000 acres de terrain s'approfondirent, et treize personnes y perdirent la vie. Toutes les

maisons furent renversées dans toute l'île, en
sorte que nous fûmes forcés d'habiter des huttes.
Les deux grandes montagnes qui étaient à l'entrée du *Sixteen-mile-walk* tombèrent, et, se ren-
contrant dans leur chute, arrêtèrent le cours de
la rivière; en sorte que son lit demeura à sec depuis cet endroit jusqu'au bac, pendant un jour
entier. On y prit une énorme quantité de poissons,
qui furent d'un grand secours pour beaucoup d'in-
fortunés. A Yallows une grande montagne se fen-
dit et tomba dans la plaine, où elle couvrit plusieurs habitations, et écrasa dix-neuf blancs. La
plantation d'un habitant (M. Hopkins) fut portée
à un demi-mille de l'endroit où elle était auparavant, et maintenant elle est en bon rapport. De
tous les puits, qui ont depuis une brasse jusqu'à six
ou sept de profondeur, l'eau s'éleva au-delà de
l'ouverture dans la grande secousse de la terre.
Nous en avons depuis deux ou trois par jour, et
autant dans la nuit, tantôt plus, tantôt moins;
mais, grâce à Dieu, elles sont petites. Nos gens
ont formé une ville à *Liguania-side*. Il y est déjà
mort environ 500 personnes, et la mortalité continue tous les jours. Le 20 septembre 1692.

IV. Entre onze heures et midi nous sentîmes la
maison où nous étions plusieurs personnes rassem-
blées, s'agiter : les carreaux de brique commen-

çaient à se soulever. Au même instant quelqu'un cria dans la rue : *Un tremblement de terre !* Nous courûmes aussitôt dehors, nous vîmes tout le monde les mains élevées implorant la miséricorde divine. Nous continuâmes à courir vers le haut de la rue, voyant à nos côtés des maisons englouties, d'autres renversées. Le sable s'élevait dans la rue comme les vagues dans la mer, soulevant les personnes qui étaient dessus, et s'enfonçant aussitôt dans des creux ; et au même instant l'eau, faisant irruption, roulait en tous sens ces pauvres malheureux, dont les uns saisissaient des poutres et des chevrons des maisons : les autres se trouvèrent dans le sable (qui reparut lorsque l'eau se fut écoulée) avec les jambes et les bras emportés. Nous étions témoins de ce spectacle funeste ; le petit morceau de terrain sur lequel nous étions, au nombre de seize ou dix-huit, ne s'enfonça pas. Aussitôt que la secousse fut passée, chacun désira savoir si quelque portion de sa famille était encore en vie. Je m'efforçai d'aller vers ma maison sur les ruines des autres qui flottaient sur l'eau ; mais je ne pus y parvenir. Enfin je me procurai un canot, et je ramai du côté de la mer pour m'y rendre ; je rencontrai dans le trajet plusieurs hommes et femmes qui flottaient sur des débris ; j'en reçus autant que je pus dans mon bateau, et continuai de ramer jusque vers l'endroit où je pensais qu'avait été ma maison ; mais je n'eus là aucune nouvelle de ma femme ni de mes gens. Le lendemain matin j'allai d'un vaisseau à un autre, jusqu'à ce qu'enfin j'eus le bonheur de retrouver ma femme et deux de mes nègres. Elle me dit que lorsqu'elle avait senti la maison s'ébranler, elle avait couru dehors en criant à toute la maison d'en faire autant. Elle ne fut pas plus tôt sortie que le sable s'éleva, et sa négresse s'étant attachée à elle, toutes deux furent englouties dans la terre : au même instant, l'eau les ayant soulevées, elles furent ballottées jusqu'à ce qu'enfin elles se saisirent d'une poutre qui les aida à attendre qu'un vaisseau espagnol qui était à leur vue envoyât un bateau pour les délivrer.

Toutes les maisons depuis *Jews-Street* jusqu'au parapet furent renversées, à la réserve de huit ou dix qui sont restées dans l'eau jusqu'au balcon. Aussitôt que la forte secousse fut finie, les matelots ne manquèrent pas de piller ces maisons. Une seconde secousse fit tomber deux de ces voleurs la tête en bas, et ils périrent.

Plusieurs vaisseaux et chaloupes furent renversés et se perdirent dans le port. La frégate le Cygne, qui était au radoub à côté du quai, fut lancée, par le mouvement de la mer et l'approfondissement du quai, par-dessus les toits de plusieurs maisons ; et tandis qu'elle passait à côté de celle où demeurait milord Puke, une partie de cet édifice tomba sur elle, et enfonça la cabine ; mais elle ne coula pas à fond, et aida au contraire à sauver la vie à plusieurs centaines de personnes.

Quant aux boules de feu qu'on a dit avoir vues dans l'air, c'est une fausseté. Mais on entendit dans les montagnes un mugissement si fort et si effrayant, que beaucoup de nègres, qui s'étaient enfuis depuis quelques mois, en furent épouvantés au point de retourner à leurs maîtres.

L'eau qui sortit de la montagne au-dessus des salines s'ouvrit un passage en vingt ou trente endroits, en quelques uns plus violemment qu'en d'autres ; car, en huit ou dix, elle sortit avec autant d'impétuosité que si on eût lâché tout à la fois autant d'écluses. La plupart étaient à 18 ou 20 pieds de hauteur dans la montagne ; et nous en observâmes trois ou quatre moindres qui étaient à près de 56 pieds. Nous goutâmes l'eau dans la plupart, et la trouvâmes saumâtre. Elle continua de couler l'après-midi et toute la nuit jusqu'au lendemain matin au lever du soleil, et alors les salines étaient entièrement submergées.

Deux montagnes entre *Spanish-town* et *Sixteen-mile-walk* se joignirent dans la secousse du tremblement de terre, ce qui arrêta le passage de la rivière, et la força d'en chercher un autre à travers les bois et les savanes. Plusieurs m'ont rapporté que la ville se trouva privée de la rivière pendant huit à dix jours, et qu'avant que les eaux reparussent, les habitants songeaient à changer leur établissement, persuadés qu'elle avait été engloutie comme le Port-Royal. Les routes le long de la rivière sont si encombrées, que tout le monde est forcé de passer par Guanabou pour aller à *Sixteen-mile-walk*.

M. Bosby nous dit qu'étant allé le même après-midi à ses plantations, il avait trouvé la terre ouverte en plusieurs endroits, et que deux vaches avaient été englouties et étouffées dans une de ces crevasses.

Le temps fut beaucoup plus chaud après le tremblement de terre qu'auparavant, et il y eut une quantité de mosquites, telle qu'on n'en avait jamais autant vu depuis la découverte de l'île.

Les montagnes à Yellows n'ont pas été mieux traitées qu'à Sixteen-mile-walk. Une grande portion d'une de ces montagnes charria au-devant d'elle tous les arbres qu'elle rencontra dans sa chute, et une plantation qui était au pied de la montagne a été entièrement détruite et ensevelie.

L'eau ne jaillit pas dans les rues de Port-Royal,

comme on l'a rapporté ; mais dans la violente secousse, à mesure que le sable s'ouvrit en plusieurs
endroits, où il y avait des personnes qui furent
englouties, l'eau s'éleva d'entre le sable, en noya
plusieurs, et en sauva quelques unes.

V. Quoique le Port-Royal ait été si maltraité par
le tremblement de terre, il y est resté encore plus
de maisons que dans tout le reste de l'île. Il fut si
violent dans d'autres endroits, que les personnes
qui étaient debout furent violemment renversées,
et demeurèrent ventre à terre avec les jambes et
les bras écartés pour s'empêcher d'être roulées et
froissées davantage par l'incroyable mouvement
de la terre, qu'on a généralement comparé à celui
des vagues de la mer. Il laissa à peine une habita-
tion ou un moulin à sucre debout dans l'île. Il ne
laissa point de maisons à Passage-Fort, une seule
à Liguania, et aucune à Saint-Iago, à l'exception
de quelques maisons basses, bâties par les pré-
voyants Espagnols.

Du côté du nord, les habitations, avec la plus
grande partie des plantations (qui sont assez loin
les unes des autres), furent englouties avec les arbres et les personnes dans un seul abîme, au lieu
duquel parut, pendant quelque temps après, une
grande marc ou lac ayant environ 1000 acres d'é-
tendue ; il s'est desséché depuis, et ne présente

maintenant autre chose qu'un sable ou un gravier mouvant, sans le moindre indice qui puisse faire juger qu'il y ait jamais eu dans cet endroit une maison, un arbre, ou toute autre chose.

Mais les plus violentes secousses furent, à ce qu'on dit, dans les montagnes; et c'est l'opinion reçue, que plus on approche des montagnes, plus la secousse est vive, et que la cause, quelle qu'elle soit, gît dans leur sein.

Non loin d'Yellows une portion de montagne, après avoir fait plusieurs sauts successifs, écrasa et ensevelit une famille entière, avec une grande partie de la plantation qui était à un mille de distance. Une grande et haute montagne, à une journée de Port-Morant, a été, dit-on, entièrement engloutie; et au lieu où elle était, il y a maintenant un lac de quatre à cinq lieues d'étendue.

La montagne bleue présente de loin la moitié de sa surface privée de verdure; les rivières, retenues quelque temps par les débris, en ont charrié d'énormes quantités de bois, qui quelquefois flottaient en mer comme des îles mouvantes. J'ai vu plusieurs de ces grands arbres sur le rivage, dépouillés de leur écorce et de leurs branches, et très maltraités par les rocs contre lesquels ils ont été froissés par la force des eaux, ou par leur propre pesanteur dans leur chute. J'ai vu entre autres un gros tronc d'arbre qui était aussi aplati qu'une canne à sucre au sortir du moulin.

On compte que le nombre des morts a été de deux mille dans toute l'île. Et si le tremblement de terre fût arrivé dans la nuit, il ne serait peut-être resté personne en vie.

Il est à remarquer que la moindre secousse est aussi sensible à bord d'un vaisseau que sur le rivage, l'eau secouant aussi bien que la terre.

On observe que quand le vent souffle, il n'y a jamais de secousse; mais on en attend toujours dans le temps calme. Cette observation s'est confirmée dans toutes les secousses qui ont eu lieu depuis la grande.

Après la pluie elles sont communément plus vives qu'en tout autre temps. On éprouve souvent dans la campagne des secousses qui ne se font point sentir au Port-Royal; et quelquefois il en arrive dans les montagnes ou au voisinage, et nulle part ailleurs.

On observe que depuis le tremblement de terre les brises de terre souvent manquent, et à leur place, les brises de mer soufflent souvent la nuit : chose rare auparavant, et commune depuis.

On a trouvé au Port-Royal, et en beaucoup d'autres endroits par toute l'île, beaucoup de matière combustible sulfureuse, qu'on suppose avoir été vomie par les ouvertures de la terre.

L'île de Saint-Christophe était ci-devant très sujette aux tremblements de terre. Ils ont entièrement cessé depuis l'éruption d'un grand volcan qui continue de brûler, et on n'y en a plus éprouvé. D'après cet exemple, bien des gens attendent quelque éruption semblable dans une de nos montagnes. Mais nous espérons que cet événement ne sera pas nécessaire, les secousses ayant perdu de leur force, et devenant toujours moindres depuis celle qui fut si funeste ; il y a même si long-temps que nous n'en avons éprouvé que de très petites et presque insensibles de temps à autre, que nous nous flattons qu'elles vont bientôt cesser entièrement.

Après la grande secousse, les personnes qui se sauvèrent, montèrent en grand nombre sur les vaisseaux qui étaient dans le port, et plusieurs y demeurèrent plus de deux mois après. Les secousses pendant tout ce temps étaient si violentes et si fréquentes (quelquefois deux ou trois dans une heure), accompagnées de bruits effrayants qui venaient de l'intérieur de la terre, de la rupture et de la chute continuelle des montagnes, qu'on n'osait se hasarder de descendre à terre. D'autres se rendirent à l'endroit nommé Kingstown (ou Killkown). Là, le défaut de commodités dans des huttes mal couvertes, où les pluies excessives qui suivirent le tremblement de terre entretenaient l'humidité, et le manque de remèdes et d'autres secours, occasionèrent une grande mortalité. Il mourut dans toute l'île environ trois mille personnes : la plus grande partie à Kingstown, qui d'ailleurs est un lieu malsain; et la grande quantité de cadavres que le vent amenait d'un côté du port à l'autre, et qui étaient quelquefois entassés cent ou deux cents à la fois, ajoutait sans doute à son insalubrité naturelle. 3 juillet 1693.

NOTE IV.

ERUPTION DE L'ETNA EN 1669.

(Détails donnés par des commerçants anglais , extraits des Transactions philosophiques.)

Le ciel parut noir pendant dix-huit jours avant l'éruption ; il y eut de fréquents tremblements de terre , accompagnés d'éclairs et de tonnerre, dont le peuple faisait des rapports effrayants. Je n'ai cependant pas vu ni ouï dire que ces secousses eussent renversé aucun édifice , à l'exception d'un petit village appelé Nicolosi, situé environ à un demi-mille de la nouvelle bouche, et de quelques autres petites maisons pareilles, dans les villages qui furent ensuite atteints par le feu. On observa, outre cela, que l'ancienne bouche, ou le sommet de l'Etna, avait vomi des flammes plus qu'à l'ordinaire pendant deux ou trois mois auparavant , ce qui était arrivé aussi à Volcan et à Stromboli, deux îles brûlantes, situées à l'ouest ; et que le sommet de l'Etna s'était aussi affaissé dans son ancien cratère. En effet, tous

ceux qui avaient vu cette montagne auparavant,
conviennent que sa hauteur a été fort diminuée
à cette époque.

La première éruption se fit le 11 mars 1669,
deux heures avant la nuit, du côté du sud-est,
sur les bords de la montagne, environ vingt milles
en dessous de l'ancien cratère, et à dix milles
de Catane. On dit d'abord que le courant de
lave embrasée parcourait trois milles en vingt-
quatre heures ; mais nous étant avancés, le 5
avril, à un mille de Catane, nous vîmes qu'il
faisait à peine un stade par jour : elle continua
de se mouvoir avec ce degré de vitesse pendant
quinze ou vingt jours, passant auprès des murs
de Catane, et entrant assez avant dans la mer.
Mais, vers la fin de ce mois, et au commencement de mai, soit que la mer ne pût recevoir
toute la matière, soit que le volcan en vomît
alors une plus grande quantité, elle tourna ses
efforts contre la ville ; et, s'étant amoncelée jusqu'à
la hauteur des murs, elle se fit un passage par-
dessus en divers endroits : mais sa principale
fureur tomba sur un très joli couvent de ber-
nardines, qui avait de grands jardins et d'autres
terrains entre la maison et le mur de la ville.
La matière embrasée, ayant comblé cet espace,
porta toute sa force contre l'édifice ; elle éprouva

une résistance qui la fit monter fort haut, comme cela arrivait pour l'ordinaire dès qu'elle rencontrait quelque obstacle. Quelques parties du mur cédèrent tout entières, et s'enfoncèrent presque d'un pied, comme il parut, par la saillie des tuiles, vers le milieu du comble, et par la courbure que prirent les pièces de fer qui le traversent. Il est certain que si ce torrent fût tombé dans quelque autre partie de la ville, il aurait fait un grand ravage parmi les maisons ordinaires. Mais sa furie s'étant apaisée, le 4 de mai, il ne coula plus que par petits courants, qui se dirigèrent principalement vers la mer. Il a détruit, dans la contrée supérieure, environ quatorze villes et villages, dont quelques uns assez considérables, contenant trois ou quatre mille habitants, et s'est étendu dans un pays agréable et fertile, que le feu n'avait jamais dévasté. Maintenant on n'y retrouve plus la trace de l'existence de ces villes : il n'en reste qu'une église et un clocher qui se trouvaient isolés sur une petite éminence.

La matière de cet écoulement n'est autre chose que différentes espèces de minéraux liquéfiés dans les entrailles de la terre par la violence du feu, qui bouillonnent et sourdent comme la source d'une grosse rivière. Lorsque la masse liquide a coulé l'espace d'un jet de pierre, ou plus, son extrémité commence à se figer et à se couvrir d'une croûte qui, lorsqu'elle est froide, forme ces pierres dures et poreuses que les habitants du pays appellent *sciarri*. La masse ressemble alors à un amas d'énormes charbons embrasés, qui roulent et se précipitent lentement l'un sur l'autre ; lorsqu'elle rencontre quelque obstacle, elle monte, s'amoncelle, renverse par son poids les digues ordinaires, et consume tout ce qui est combustible. La principale direction de ce torrent était en avant ; mais il s'étendait aussi, comme fait l'eau, sur un terrain uni, et formait différentes branches ou langues, comme on les appelle dans ce pays.

Nous montâmes, à deux ou trois heures de nuit, sur une haute tour, à Catane, d'où l'on voyait pleinement la bouche du volcan : c'était un spectacle terrible que la masse de feu qui en sortait. Le lendemain matin, nous voulûmes aller à cette bouche ; mais nous n'osâmes en approcher de plus d'un stade, de peur que le vent venant à changer nous ne fussions abîmés sous quelque portion de l'immense colonne de cendre qui s'élevait, et nous paraissait deux fois plus épaisse que le clocher de Saint-Paul de Londres, et d'une hauteur infiniment plus considérable. L'atmosphère, dans le voisinage, était toute remplie de la partie la plus subtile de cette cendre; et depuis le commencement de l'éruption jusqu'à sa fin (pendant 54 jours) on ne vit ni le soleil ni les étoiles dans tous les environs de la montagne.

Des côtés de ce pilier retombaient quantité de pierres de grosseur médiocre ; nous ne pûmes distinguer si elles étaient embrasées, et il nous fut impossible aussi de voir la source du torrent de feu, à cause d'un grand banc de cendre qui se trouvait devant nous. L'orifice par où sortaient le feu et les cendres faisait entendre un mugissement continuel, comme le bruit des vagues de la mer lorsqu'elles se brisent contre les rochers, ou comme les roulements d'un tonnerre éloigné. J'ai entendu ce bruit plus d'une fois à Messine, qui en est à soixante milles, et située au pied de hautes montagnes. On l'a entendu jusqu'à cent milles au nord, dans la Calabre, où l'on a aussi vu tomber des cendres. Quelques uns de nos gens de mer ont rapporté que leurs ponts en avaient été couverts, quoiqu'il y ait apparence que la couche n'était pas fort épaisse.

Vers le milieu de mai, nous retournâmes à Catane; la face des choses y était bien changée : la ville était aux trois quarts entourée de ces sciarri à la hauteur des murs ; et, en quelques endroits, ils avaient passé par-dessus. La première nuit de notre arrivée, un nouveau courant de feu sortit milieu de quelques sciarri, sur lesquels nous avions marché une heure ou deux auparavant et qui étaient de niveau avec la hauteur des murs ; il coula dans la ville, formant un petit ruisseau de feu d'environ trois pieds de largeur et de neuf pieds de long, ses extrémités se figeant toujours en sciarri ; mais ce courant était éteint le lendemain matin, quoiqu'il eût rempli de ces sciarri une grande place vide. Le lendemain au soir on découvrit un courant beaucoup plus fort, qui se précipitait d'une autre partie du mur dans le fossé du château, et qui dura, à ce qu'on nous apprit, encore plusieurs jours après notre départ. Il y avait en même temps d'autres courants de laves qui se rendaient à la mer.

Ayant passé deux jours auprès de Catane, nous retournâmes vers la bouche, où alors, sans avoir rien à craindre du feu ou des cendres, nous pûmes découvrir pleinement les anciens et les nouveaux canaux de laves, et l'énorme monceau de cendre qui avait été vomi. Nous vîmes un espace triangulaire, d'environ deux acres d'étendue, qui nous parut être l'ancien lit ou canal du feu : le fond était couvert de sciarri, et la surface avait une croûte de soufre ; il était bordé, de chaque côté,

par un grand banc de cendre. La montagne dont
nous venons de parler s'élevait derrière, et il
paraît que le feu avait passé entre ces deux bancs ;
au coin supérieur, sur une petite élévation de
sciarri, il y avait un trou d'environ six pieds de
large, par où il est probable que le feu sortait ;
et il doit y avoir eu plusieurs de ces trous qui,
dans la suite, se seront encroûtés ou auront été
couverts de cendres. On voyait le feu couler au
fond de ce trou ; et, plus bas, il y avait un
ruisseau de feu au-dessous des sciarri, qui, étant
fendus dans une certaine étendue, nous permettaient de voir couler le métal. La surface de
ce courant pouvait avoir une brasse de largeur,
quoiqu'il pût fort bien en avoir davantage en-
dessous, le canal étant évasé par le bas. Nous
ne pûmes en mesurer la profondeur, parcequ'il
était impénétrable aux instruments de fer. Nous
aurions bien voulu nous procurer de cette matière
à sa source, mais il nous fut impossible de l'enta-
mer : peut-être y avait-il des courants dont la
matière était plus molle. Il sortait de ce canal,
mais surtout du grand trou qui était au-dessus,
une fumée sulfureuse, par laquelle quelques
personnes de notre compagnie faillirent être
étouffées. Il s'élevait, d'un quart d'heure à l'autre,
une colonne de fumée ou de cendre du milieu du

sommet de cette nouvelle montagne; mais elle n'était nullement comparable à celle dont nous avons parlé ci-devant.

La dernière fois que nous fûmes à Catane, les habitants s'occupaient à barricader certaines rues et passages par où l'on présumait que le feu pourrait entrer : ils démolissaient pour cela les vieilles maisons des environs, et ils en entassaient les pierres sèches en forme de muraille, prétendant qu'elles résistaient mieux au feu parcequ'il n'y avait pas de chaux.

On assure que jusqu'à présent la lave s'est avancée d'un mille dans la mer, et qu'elle a tout autant de front : elle en avait beaucoup moins lorsque nous y étions. Le bord de la mer va en baissant légèrement; elle a environ cinq brasses de profondeur à l'extrémité des sciarri, qui s'élèvent de la moitié autant au-dessus de l'eau.

La surface de l'eau était si chaude à vingt pieds ou plus de ces ruisseaux de feu, qu'on ne pouvait pas y tenir la main, quoiqu'elle fût plus tempérée au-dessous. Les sciarri conservaient leur feu sous l'eau, comme nous le vîmes lorsque la mer se retirait dans le reflux.

La vue générale de ces sciarri ressemble assez à des glaçons amoncelés sur une rivière, dans les grandes gelées : ils présentent de même un amas de gros flocons raboteux ; mais leur couleur est toute différente : ils sont la plupart d'un bleu obscur, et renferment des pierres et des rocs très gros, qui s'y trouvent engagés d'une manière très solide.

Mais, malgré leur âpreté et le feu que nous voyions luire à travers les fentes, nous nous hasardâmes à les parcourir en grande partie. On dit que d'autres en font autant dans la plus grande violence de l'éruption : car, d'un côté, tandis que la partie brûlante et mouvante de ces sciarri, ou courants de feu, est si dure et si impénétrable qu'ils supportent les plus grands poids, de l'autre, leur surface est assez froide pour qu'on puisse la toucher et la manier sans s'apercevoir du feu qui est en dedans, à moins qu'on n'en approche de très près, surtout pendant le jour. C'était une chose étrange à voir que la lenteur du mouvement d'une aussi grande rivière : car, lorsqu'elle approchait d'une maison, on avait le temps d'en emporter, non seulement les meubles, mais encore les tuiles, les poutres, et tout ce qu'on pouvait en enlever.

J'ajouterai que tout le pays, jusqu'à vingt milles de Catane, est couvert de ces vieux sciarri que les éruptions précédentes y ont amenés, quoique personne ne se souvienne d'aucune éruption aussi forte que cette dernière, ou qui se soit faite dans une partie aussi basse de la montagne. Malgré cela, le pays est bien cultivé et bien peuplé, soit que le temps ait amolli les vieux sciarri, soit qu'ils aient été recouverts de terre plus meuble; il reste cependant beaucoup de cantons dont on ne pourra, sans doute, jamais tirer parti.

Le feu s'est étendu d'environ dix-sept milles de longueur, sur trois milles de largeur.

NOTE V.

ÉRUPTION DU VÉSUVE EN 1737.

(Détails donnés par le prince Cassano, membre de la société
royale de Londres : extraits des *Transactions philosophiques* .)

Le mont Vésuve est à la distance d'environ sept
milles de Naples, et à plus de quatre milles de la
mer. Le pied de la montagne commence à la côte,
et va en montant insensiblement jusqu'à la première plaine, où l'on peut aisément aller à cheval ;
cette plaine est presque circulaire, elle a environ
six milles de diamètre et un demi-mille de hauteur
perpendiculaire au-dessus du niveau de la mer.
C'est de là que s'élève une autre montagne qu'on
nomme dans le pays Monte-Vecchio : sa hauteur
perpendiculaire est d'environ quatre cents pas ;
elle n'a guère que deux milles de circonférence au
sommet, et est de forme irrégulière : ce sommet,
avant l'année 1631, avait la forme d'un bassin ; il
était environné de vieux chênes, d'énormes châ-
taigniers, dont les fruits nourrissaient un grand

nombre de bestiaux ; on y voyait dans le fond une caverne dans laquelle on pouvait descendre jusqu'à plus de deux cents pas, quoique avec un peu de difficulté. On regardait cette ouverture comme l'ancienne bouche, qui pendant long-temps avait vomi une prodigieuse quantité de matières bitumineuses, et brûlé une partie considérable du pays d'alentour.

Quant aux éruptions qui se sont succédé jusqu'à nos jours, on peut les diviser en anciennes et modernes. Bérose, Polybe, Strabon, Diodore et Vitruve ont parlé de quelques unes des premières. Le Vésuve, sous le règne de Trajan, devint fameux par la mort de Pline : depuis cette époque mémorable il est hors de doute que les éruptions furent moins fréquentes jusqu'à l'année 1139, où, après une éruption considérable, le Vésuve commença à se reposer, et demeura tranquille pendant près de cinq siècles. Ce long repos effaça le souvenir des anciens désastres : les habitants du voisinage se flattèrent que la matière inflammable était épuisée, et plantèrent tous les alentours de la montagne, qui, par leur fertilité, devinrent les délices du pays ; mais, dans la suite des temps, ils furent trompés dans leurs espérances, car en 1361, pendant six mois, on entendit des mugissements continuels, on essuya des tremblements de terre ; et en décembre il se fit une terrible éruption de feu, qui d'abord fit sauter en l'air une partie de la montagne, et vomit ensuite de l'eau, des cendres, des pierres et du feu, inonda presque toute la contrée jusqu'à la mer, sur une largeur de plus de sept milles, et fit périr au-delà des quatre mille personnes *.

La montagne après cela demeura en repos, et beaucoup moins élevée qu'auparavant. Après un repos de 29 ans, elle se ralluma en 1660; son feu remplit toute la capacité du creux immense qui était resté depuis 1631, et dans lequel, après plu-

---

* On pourra juger de la violence de cette éruption par la relation suivante que j'ai tirée du numéro 21 des Transactions philosophiques, année 1666. Elle fut communiquée par le capitaine Guillaume Badily.

Le 6 décembre 1631, étant à l'ancre dans le golfe de Volo dans l'Archipel, vers les dix heures du soir, il commença à pleuvoir du sable ou de la cendre, et cette pluie continua jusqu'à deux heures du matin. Il y en avait environ deux pouces d'épaisseur sur le pont, en sorte que nous le nettoyâmes avec des pelles comme nous avions fait pour la neige le jour d'auparavant; il ne faisait point de vent lorsque cette cendre tomba. Il n'en tomba pas seulement où nous étions, mais encore en d'autres endroits, sur des vaisseaux qui venaient de Saint-Jean-d'Acre à notre port, et qui étaient alors à cent lieues de nous. Nous comparâmes les cendres, elles étaient de même nature.

N. B. Cette pluie de cendres venait de l'éruption du Vésuve dont il est question.

sieurs moindres éruptions, il s'éleva une nouvelle montagne en 1685.

En 1707, tous les habitants des environs et toute la ville de Naples furent en alarme à cause des explosions et des secousses fréquentes qu'on éprouvait, et du feu qui se faisait voir au sommet de la montagne. Une énorme quantité de cendres lancées avec impétuosité remplirent toute l'atmosphère et obscurcirent le soleil pendant un jour entier, mais heureusement ce jour effrayant fut suivi du calme, et la montagne s'apaisa.

En 1724 la quantité de cendres et de pierres lancées par la montagne fut si grande, qu'elle remplit tout l'espace entre l'ancien et le nouveau mont.

En 1730 il y eut une nouvelle éruption du Vésuve, qui, quoique peu considérable en comparaison de la dernière, occasiona néanmoins beaucoup de craintes.

Cette année 1757, au mois de mai, la montagne ne fut jamais tranquille : elle jetait tantôt beaucoup de fumée, tantôt des pierres ardentes qui retombaient sur la montagne. Du 16 au 19 on entendit des mugissements souterrains.

Le 19, on vit le feu sortir dans d'épais nuages noirs, et le même jour il se fit plusieurs détonations bruyantes qui devinrent plus fréquentes vers le soir, et augmentèrent dans la nuit. La montagne vomissait alors une très épaisse fumée mêlée de cendres et de pierres, et on sentit aux environs quelques légères secousses de tremblement de terre.

Le lundi 20, à 9 heures du matin, la montagne fit une si forte explosion, que le choc fut sensible à plus de douze milles à la ronde. Une fumée noire mêlée de cendres parut s'élever tout d'un coup en vastes globes ondoyants, qui se dilataient en s'éloignant du cratère. Les explosions continuèrent très fortes et très fréquentes toute la journée, lançant de très grosses pierres, au milieu des tourbillons de fumée et de cendres, jusqu'à un mille de hauteur.

A huit heures du soir, au milieu du bruit et des affreuses secousses, la montagne creva sur la première plaine à un mille de distance du sommet, et il sortit un vaste torrent de feu de la nouvelle ouverture ; dès lors toute la partie méridionale de la montagne parut embrasée : le torrent coula dans la plaine en-dessous, qui a plus d'un mille de longueur, et près de quatre milles de largeur. Il s'élargit bientôt de près d'un mille, et à la quatrième heure de la nuit, il atteignit l'extrémité de la plaine et le pied des monticules bas qui sont du côté du sud. Mais ces monticules étant composés de rochers escarpés, la plus grande partie du torrent coula dans les intervalles de ces rochers, parcourut deux vallons, et tomba successivement dans l'autre plaine qui forme la base de la montagne ; après s'y être réuni, il se divisa en quatre branches, dont l'une s'arrêta au milieu du chemin, à un mille et demi de Torre-del-Greco ; la seconde coula dans un large vallon ; la troisième finit sous Torre-del-Greco, au voisinage de la mer, et la quatrième à une petite distance de la nouvelle bouche.

Le torrent qui roulait dans le vallon arriva entre l'église des Carmélites et celle des Ames du purgatoire à quatre heures du matin. La matière courait comme du plomb fondu, et fit quatre milles en huit heures ; vitesse remarquable et extraordinaire, puisqu'on avait trouvé surprenant que, dans l'éruption de 1618, la lave eût avancé de soixante pas dans une heure.

Le torrent qui courait derrière le couvent des Carmélites, après avoir mis en feu la petite porte de l'église, y entra, et se fit jour aussi par les fenêtres dans la sacristie et dans deux autres pièces ; il brûla les fenêtres du réfectoire, et les vaisseaux de verre qui étaient sur les tables furent mis en pâte par la violence du feu. Seize jours après, la matière était encore chaude et très dure, mais on la brisa à force de coups.

Un morceau de verre fixé au bout d'un bâton et approché de cette matière se réduisait en pâte au bout de quatre minutes ; on entendait sous la masse du torrent des détonations fréquentes qui faisaient trembler l'église. Sur toute la surface du torrent on voyait de petites fentes par lesquelles sortait une fumée ayant l'odeur du soufre mêlé avec de l'eau de mer, et les pierres qui étaient autour étaient couvertes de sublimations salines ; le fer introduit dans ces fentes en sortait humide, mais le papier paraissait s'y durcir.

En même temps que la nouvelle bouche s'ouvrait, celle du sommet vomissait une vaste quantité de matière brûlante, qui, se divisant en torrents et en petits courants, se dirigea en partie vers le Salvadore, et en partie vers Ottajano ; et on voyait en outre des pierres ardentes s'élancer du haut de la montagne au milieu d'une épaisse fumée accompagnée d'éclairs et de tonnerres fréquents.

Les vomissements enflammés continuèrent jusqu'au mardi, et ce jour l'éruption des matières fondues, les éclairs et le bruit cessèrent ; mais un vent de sud-ouest s'étant mis à souffler fortement, les cendres furent charriées en grande quantité jusqu'aux extrémités du royaume. Dans quelques endroits elles étaient très fines ; dans d'autres, grosses comme du gravier. Dans le voisinage du Vésuve,

on éprouva non seulement la pluie de cendres,
mais encore une grêle de pierres ponces et autres.

La fureur du volcan ayant commencé à s'apai-
ser le mardi au soir, le dimanche suivant il n'y
avait presque plus de flammes à la bouche supérieure, et le lundi on ne vit que peu de fumée et
de cendres. Il commença de pleuvoir abondamment ce jour-là, et la pluie continua le mardi et
plusieurs jours ensuite ; circonstance qui a constamment accompagné les éruptions.

Les dommages occasionés dans le voisinage
par cette éruption de feu et de cendres sont in-
croyables. A Ottajano, situé à quatre ou cinq
milles du Vésuve, le scendres avaient quatre palmes
de hauteur sur le terrain. Tous les arbres étaient
brûlés, les habitants dans la consternation et l'ef-
froi, et beaucoup de maisons écrasées sous le poids
des cendres et des pierres.

NOTE VI.

ILE NOUVELLE SORTIE DE LA MER PRÈS DE TERCÈRE EN 1720.

(Relation donnée par M. Th. Forster.)

John Robinson capitaine d'un petit senau de la Nouvelle-Angleterre, arriva à Tercère le 10 décembre 1720 ; il vit près de cette île un feu sortir de la mer. Le gouverneur l'engagea à en approcher avec son bâtiment, et envoya à bord seize matelots et deux prêtres ; voici son récit :

Le dimanche 18 décembre nous mîmes à la voile à minuit, et portâmes au sud-est d'Angra ; le lendemain, à deux heures après midi, nous approchâmes d'une île toute de feu et de fumée. Nous continuâmes notre route jusqu'à ce que les cendres tombassent sur notre pont comme de la grêle ou de la neige, ce qui dura toute la nuit ; nous prîmes le large, le feu et la fumée grondaient comme le tonnerre ou comme de grands coups de canon. A la pointe du jour nous nous en approchâmes; à midi nous fûmes à portée de bien observer, en étant à deux lieues au sud. Nous fîmes voile autour de l'île, et l'approchâmes de si près que le feu et la matière qu'elle lançait furent sur le point de nous endommager. Nous eûmes en même temps la crainte d'être jetés sur la côte; mais un vent de sud-est, qui se leva pendant que nous étions tous en prières, nous délivra du danger. La brise fut accompagnée d'une petite ondée qui fit tomber beaucoup de poussière sur notre pont. Nous profitâmes du vent pour regagner Tercère.

Le gouverneur nous informa que le feu avait éclaté le 20 novembre 1720 dans la nuit, et que le bruit affreux qu'il occasiona fit trembler la terre et renversa plusieurs maisons dans la ville d'Angra et dans les environs, à la grande frayeur des habitants. On trouva des quantités prodigieuses de pierres ponce, et des poissons à demi grillés, flottant sur la mer à plusieurs lieues autour de l'île, et des nuées d'oiseaux de mer rassemblés pour s'en nourrir. Cette nouvelle île est à peu près ronde, et peut avoir environ deux lieues de diamètre. Sa latitude est de 38 degrés 29 minutes, sa longitude de 26 degrés 53 minutes (méridien de Londres).

Une personne de ma connaissance, passant de Cadix à Londres vers la fin d'avril 1721, me dit qu'elle avait trouvé la mer couverte de pierres ponces, depuis le cap Finistère presque jusqu'à l'entrée du canal, et m'en donna quelques unes.

NOTE VII.

Le cratère avait cinq milles de circonférence, et environ mille pas de profondeur. Ses côtés étaient couverts d'arbrisseaux, et il y avait au fond une plaine où le bétail paissait ; les sangliers fréquentaient les parties boisées. Au milieu de la plaine, dans le cratère, était un passage étroit à travers lequel, par un sentier tortueux, on descendait environ un mille parmi les rochers et les pierres, jusqu'à une autre plaine plus spacieuse, couverte de cendres. Dans celle-ci se trouvaient trois petits étangs, placés en triangle : l'un vers l'est, rempli d'eau chaude extrêmement amère et corrosive ; un autre vers l'ouest, d'eau plus salée que celle de la mer ; le troisième contenait de l'eau chaude, qui n'avait aucun goût particulier.

NOTE VIII.

Ce qui prouve de la manière la plus évidente que la formation de certaines vallées est postérieure à celle des terrains qu'elles sillonnent, ce sont ces blocs énormes de pierre (ordinairement de granite) qu'on rencontre souvent sur le sommet de collines d'une nature tout-à-fait différente de la leur ; de manière qu'on peut être sûr qu'elles sont roulées d'un lieu plus élevé, qui dominait celui où on les trouve; et on ne manque pas, en effet, quand on fait des recherches sur ce point, de découvrir dans les environs le rocher dont elles ont été détachées. Mais il arrive assez fréquemment que ce rocher se trouve séparé de la colline où le bloc de pierre a roulé, par une vallée profonde, ce qu'il n'aurait certainement pu franchir si elle avait existé à l'époque où il a été détaché du roc : preuve évidente que la vallée a été creusée à une époque postérieure à la chute du bloc.

Presque toujours on peut, à l'inspection seule d'une masse de pierre ainsi déplacée, reconnaître si elle vient de près ou de loin, par le plus ou moins d'usure de ses angles. Si elle a roulé long-temps, elle se trouve infailliblement arrondie par sa chute, mais si elle conserve encore des arêtes saillantes , on peut assurer qu'elle n'a eu qu'un trajet court à parcourir. C'est ce que l'observation confirme toujours.

FIN DES NOTES.

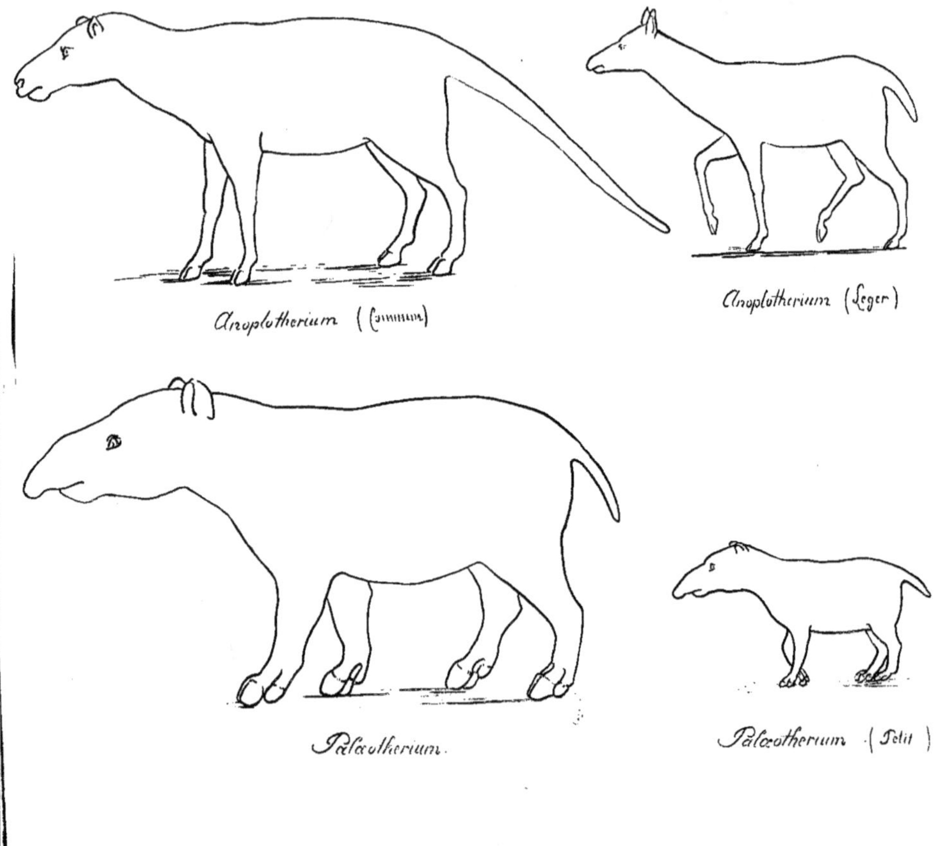

Anoplotherium (commun)
Anoplotherium (Léger)
Palæotherium.
Palæotherium (Petit)